全球环境基金“缓解大城市拥堵　减少碳排放项目”

城市客运枢纽布局规划及功能优化技术指南

本书编委会 ◎ 编著

本书出版由全球环境基金资助

世界银行为本项目国际执行机构

中华人民共和国交通运输部为本项目国内执行机构

人民交通出版社股份有限公司
China Communications Press Co.,Ltd.

内 容 提 要

本书以中国城市交通运输发展实际为基础，总结了国内外在城市客运枢纽布局及功能优化实践过程中的经验，阐述了城市客运枢纽布局规划的基本理念、基本原则及关键技术，提出了城市客运枢纽布局规划技术导则与功能优化技术指南。

本书可供从事城市客运枢纽规划设计、建设、运营与管理的专业技术人员参考使用，也可供行业管理、教学培训等相关工作人员参考阅读。

图书在版编目（CIP）数据

城市客运枢纽布局规划及功能优化技术指南 /《城市客运枢纽布局规划及功能优化技术指南》编委会编著. — 北京：人民交通出版社股份有限公司，2018.12

ISBN 978-7-114-15195-8

Ⅰ. ①城… Ⅱ. ①城… Ⅲ. ①城市运输—旅客运输—枢纽站—交通运输规划—指南 Ⅳ. ① TU984.191-62

中国版本图书馆 CIP 数据核字（2018）第 275506 号

Chengshi Keyun Shuniu Buju Guihua ji Gongneng Youhua Jishu Zhinan

书　　名：城市客运枢纽布局规划及功能优化技术指南
著 作 者：本书编委会
责任编辑：刘　博
责任校对：宿秀英
责任印制：张　凯
出版发行：人民交通出版社股份有限公司
地　　址：（100011）北京市朝阳区安定门外外馆斜街3号
网　　址：http：//www.ccpress.com.cn
销售电话：（010）59757973
总 经 销：人民交通出版社股份有限公司发行部
经　　销：各地新华书店
印　　刷：中国电影出版社印刷厂
开　　本：787×1092　1/16
印　　张：11
字　　数：186千
版　　次：2018年12月　第1版
印　　次：2018年12月　第1次印刷
书　　号：ISBN 978-7-114-15195-8
定　　价：60.00元

本书编委会

主　　审： 张大为　朱鲁存

主　　编： 李鹏林　陈　钟

副 主 编： 张立彬　刘　东

编写人员： 陈宇毅　朱苍晖　李　悦　何　明　孔　哲
李　可　朱　超　耿彦斌　杨　伯　杨　霞
李　颖　杜彩军　夏　红　张　娟

前言

随着中国经济的快速发展和城市化进程的加快，城市机动化进入了快速发展时期，到 2017 年年底，中国机动车保有量超过 3.10 亿辆，其中汽车 2.17 亿辆，全国共有 53 个城市的汽车保有量超过了 100 万辆。在机动化迅速提高的背景下，很多城市，特别是像北京、上海、广州等一批特大型中心城市，由于私人小汽车数量过快增长而经常导致城市交通拥堵、平均行驶速度明显降低、居民出行时间显著延长、汽车单位里程的燃油消耗明显增加等现象。在产生巨大经济损失的同时，污染物和二氧化碳排放总量急剧增加，加重了城市空气污染和温室效应。

大城市的交通拥堵和汽车尾气排放增加，已经严重制约了城市的可持续发展，降低了城市居民的生活质量。缓解大城市交通拥堵，减少碳排放已经成为我国各级城市政府面临的重大课题。交通运输部是城市客运的主管部门，面对大城市日益严重的交通拥堵和二氧化碳排放的巨大挑战，交通运输部将缓解交通拥堵和减少碳排放作为最优先的事项之一，迫切需要借鉴国际实践经验，制定有效的法规政策，采取合理的技术经济措施，指导城市交通科学发展，缓解城市交通拥堵，减少碳排放。

大量的实践证明，单纯依靠增加城市交通供给能力，无法从根本上解决城市交通拥堵和尾气排放增加问题，必须采取包括优化城市总体规划、提高基础设施能力、提高运输服务水平、提升交通需求管理、完善公共交通服务等综合措施来治理。

城市客运枢纽是实现旅客在不同交通方式间便利换乘的重要公共基础设施，承担着城市居民对外公共交通出行的服务功能，方便旅客在不同交通方式、不同方向线路间进行换乘。在一个城市或城市群内合理布局客运枢纽站场、优化城市客运枢纽功能设计，可以有效提高综合交通网络的运行效率，有助于提升城市公共交通的吸引力，减少机动车排放量，支撑城市的可持续发展。

在新的发展形势下，基于中国在城市客运枢纽建设发展中取得的实践经验，开展城市客运枢纽布局规划及功能优化技术研究，进一步明确城市客运枢纽在布局规划、功能设计方面的基本理念、目标、方法和关键技术，对于提升城市客运枢纽交通换乘基本服务功能，提高综合交通网络整体运行效率和服务水平，支撑新型城镇化建设发展的目标均有着重要的意义。

在全球环境基金项目“缓解大城市交通拥堵 减少碳排放”的援助支持下，交通运输部规划研究院课题组开展了城市客运枢纽布局及功能优化技术指南研究工作。本书内容即是在城市客运枢纽布局及功能优化技术指南研究成果基础上提炼而成，在结构框架上分作三篇。第一篇介绍说明中国旅客运输与城市客运枢纽发展的实际特点与面临的主要问题。第二篇针对中国当前城市客运枢纽布局规划中面临的主要矛盾，重点针对具有城市对外客运服务功能客运枢纽的布局规划理论，阐明规划的基本理念、评价目标、规划重点与关键技术。第三篇针对中国当前综合客运枢纽发展中面临的多种运输方式站场如何有效衔接的问题，明确综合枢纽功能优化设计的基本理念、主要原则、评价标准、技术要点等。

本书结合城市空间规划和公共客运交通发展最新理念，提出的城市客运枢纽布局规划导则、综合客运枢纽功能优化技术指南及促进客运枢纽发展的相关政策，旨在为中国各级交通运输主管部门履行“指导综合交通运输枢纽规划与管理”的职责提供决策参考，指导中国城市进行科学合理的客运枢纽规划设计，通过提升综合交通网的转换效率和服务水平，持续增强公共交通服务的吸引力，减少城市居民对小汽车的使用和依赖，缓解城市交通拥堵，减少碳排放。

本书编制过程中和项目研究各阶段，得到了世界银行、全球环境基金组织、交通运输部等单位的大力支持和指导。苏州、哈尔滨、成都等交通运输主管部门提供了丰富的案例素材，项目研究各阶段的评审专家给予了众多有益建议，日本 CFK 公司加尾章先生作为项目特聘国际顾问，对研究工作给予了全程关注和技术咨询，在此致谢。此外，本书编写过程中还引用了众多城市客运枢纽规划设计实际案例，在此一并对相关规划设计单位致谢。

城市客运枢纽是我国现代综合交通运输体系的重要组成部分，其规划设计理论一直在实践中不断改进和完善。限于研究水平，书中难免存在诸多不足之处，敬请行业内外的专家、学者和领导批评指正。

编　者

2018 年 11 月

目录

第一篇
中国旅客运输概况与客运枢纽现状评价

第二篇
城市客运枢纽布局规划导则

第三篇
综合客运枢纽功能优化技术指南

第一篇

中国旅客运输概况与客运枢纽现状评价

中国城市客运枢纽发展现状评价

1.1 中国旅客运输发展情况

截至 2017 年末，中国人口总数已达 13.9 亿人（未包含港澳台），人均生产总值为 8836 美元。随着中国社会经济的发展，庞大的人口总量释放出巨大的旅客出行需求。交通基础设施在过去 30 年的快速建设为旅客运输的发展提供了坚实基础，进一步助推了包括公路、水运、铁路、航空等各类交通方式的快速发展（图 1-1-1）。

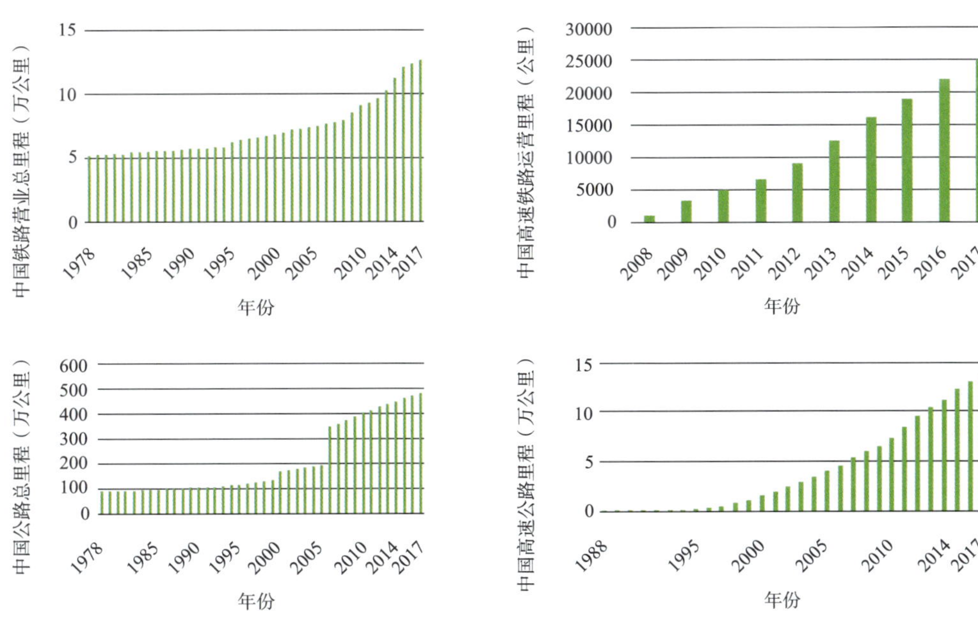

图　1-1-1

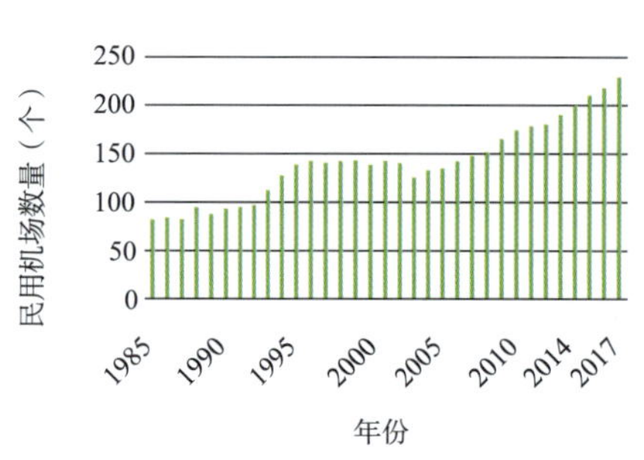

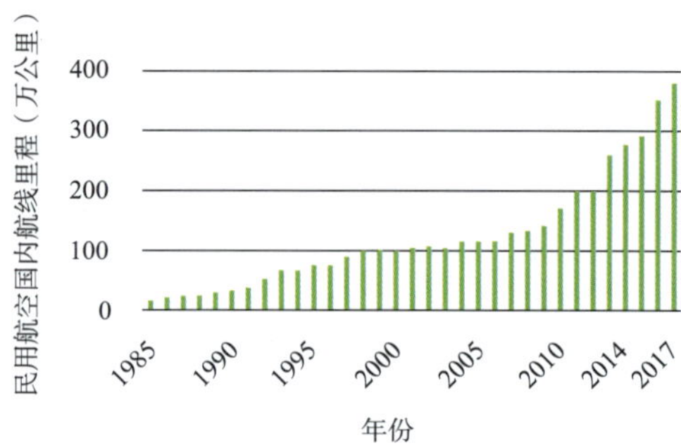

数据来源：《中国统计年鉴》。

图 1-1-1　中国主要交通基础设施发展历程

随着经济社会的发展和城市人口的增加，中国不同城市间的旅客运输量，以及城市内部的公共交通总量均显示出快速攀升的态势。公路、铁路、水运、航空四类中国城市对外客运方式承担的营运性公共客运量持续增长，自 1985 年以来的年均增长率约 7%（图 1-1-2）。

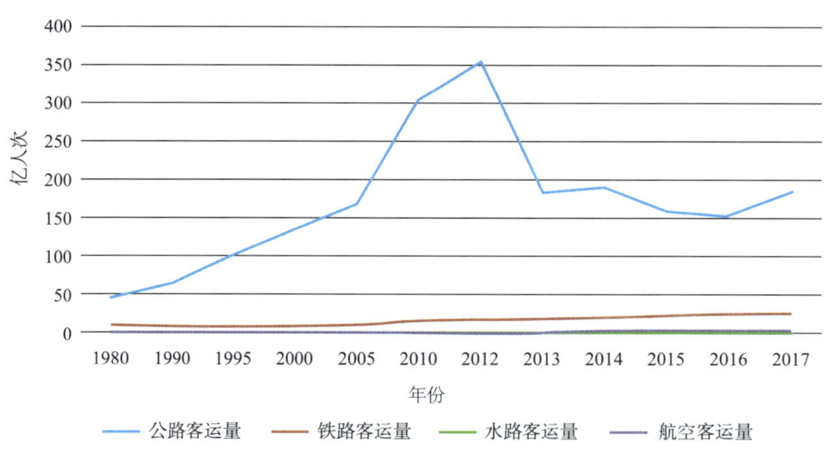

图 1-1-2　中国城际间旅客公共运输量增长示意图

城市交通方面：截至2017年底，全国机动车保有量为3.10亿辆；其中，汽车2.17亿辆、约占70%，摩托车0.82亿辆、约占26.45%，有53个城市的汽车保有量超过100万辆，其中有24个城市汽车保有量超过200万辆。近10年来，城市公共交通线路、车辆、场站等基础设施设备投资与建设规模显著提升。

城市公共交通运营方面：截至2017年底，有公共汽电车运营线路56786条，运营线路总长度106.9万公里，是2002年的9.6倍；运营车辆65.12万辆，是2002年的2.6倍；有32个城市开通运营轨道交通，运营里程达4484公里；城市内部公交系统全年客运量1272.15亿人次，其中公共汽电车和轨道交通分别完成722.87亿人次、183.05亿人次，承担了城市近71%的客运量。

1.2 中国城市客运交通体系构成

1.2.1 中国城市客运交通体系现状

伴随中国快速的经济发展和城市化进程，庞大的人口规模基数以及逐步增加的城市总体数量，发展形成了中国特有的、丰富的、多样化的公共客运交通体系，具体构成见图 1-1-3。

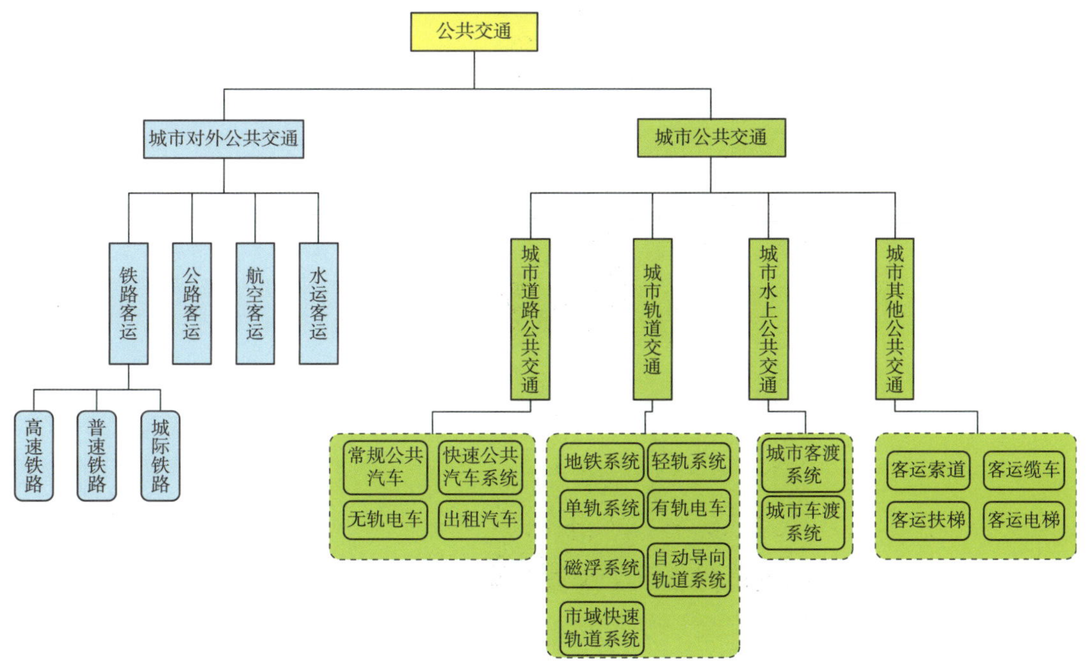

图 1-1-3　中国公共客运交通方式示意图

中国的公共客运交通方式由于管理体制的分割原因，往往划分为城际公共客运交通与城市内部公共交通两类，其构成及功能分别见表 1-1-1、表 1-1-2。

中国现有主要城际公共交通方式　表 1-1-1

城际客运方式	类型	图　片	备　注
铁路客运	高速铁路		时速 250 公里以上的高速铁路的发展正在对中国当前旅客运输结构产生较大的冲击。如南京至杭州的高铁开通之后，原有的公路客运班线发车频率减少了一半；郑州至西安高铁开通，使得郑州至西安之间的航班停飞；京沪高铁开行不久，济南至南京航班停飞
	普通铁路		虽然中国高铁在快速发展之中，但当前阶段，普通铁路承担的客运量仍居高位。如 2017 年中国普通铁路客运量约 13.71 亿人次，占全铁路行业客运量的 44.5%
	城际铁路		快速的城市化进程使得中国城际铁路发展迅猛，加强了城市群内部各城市间的沟通，如全长约 200 公里的京津城际铁路从北京到天津运行时间仅 33 分钟，2017 年客运量约 3500 万人次
公路客运	客运班线		公路客运班线运输是中国当前最主要的联系城市间、城市与农村间的公共运输方式。2017 年，全国公路客运量为 145.68 亿人次，占全国综合客运量的 78.8%
航空客运			由于快速、安全、舒适和不受地形限制等一系列优点，商业航空在交通运输结构中占有独特的地位，近 30 年来一直保持着年均 14.8% 左右的较高发展速度
水路客运			主要存在于中国沿海、内河城市，是承担对外出行的一种运输方式，近年来由于铁路、公路基础设施条件的改善，客运量增长较为平缓。2017 年客运量为 2.83 亿人次，并呈现出以观光旅游和陆岛联通为特征的发展趋势

中国城市内部主要公共交通方式　表 1-1-2

城市客运方式	类型	图　片	备　注
城市道路公共交通	常规公共汽车		在城市道路上按固定路线，承载旅客出行的机动车辆，承担大部分城市客运量
	快速公共汽车系统		开辟公交专用道路和建造新式公交车站，实现轨道交通模式的运营服务，达到轻轨服务水准的一种独特的城市客运系统
	无轨电车		由架空接触网供电、电动机驱动，不依赖固定轨道行驶的道路公共交通工具
	出租汽车		车上有专门的标记和“出租”字样，以便识别出租，乘车手续简便
城市轨道交通	地铁		地下运行的城市轨道交通系统，能适应远期单向最大高峰小时客流量为 3.0 万 ~ 6.0 万人次的统称为地铁
	轻轨		能适应远期单向最大高峰小时客流量 1.5 万 ~ 3.0 万人次的称为轻轨铁路
	单轨		使用的轨道只有一条，目前国内单轨电车有重庆轨道交通 2 号线、3 号线
	有轨电车		采用电力驱动并在轨道上行驶的轻型轨道交通车辆

续上表

城市客运方式	类型	图　片	备　注
城市轨道交通	市郊铁路		利用干线铁路或修建专用线路，开行于市中心区到卫星城镇、卫星城镇到卫星城镇间（站距较大、停车次数较少、行车密度不太大）的旅客列车
	其他		磁悬浮、自动导向航道等
城市水上公共交通	城市客渡		主要存在于水系比较发达的城市，以运送乘客为主，横渡江河、湖泊的水上交通方式
其他公共交通	客运索道、客运缆车、客运扶梯、客运电梯等，主要存在于重庆等山区地区		

1.2.2　中国城市客运交通发展特征

中国已经明确提出到2020年全面建成小康社会，并提出了新型城镇化等国家战略。未来一段时期，中国的经济社会发展水平、城镇数量与规模将得到进一步发展，高速铁路、城际铁路、市郊铁路、城市地铁等大容量轨道交通方式将逐步成网，形成多层次的轨道交通体系，中国的城际客运交通、城市客运系统将会有更加广阔的发展前景。

在这一发展趋势中，城际铁路、市郊铁路的发展尤为值得关注。截至2017年末，国家已批复的城际铁路立项总里程约1万公里，当前已建总里程5734公里，在建里程约2000公里。

目前中国已经开行市郊铁路列车的城市有北京、上海、成都、天津（表1-1-3），温州、重庆、郑州等城市也已经开工建设市郊铁路，武汉、广州等城市均进行了市郊铁路规划。城际铁路是专门服务于相邻城市间或城市群，旅客列车设计速度在200公里/小时以下的客运专线铁路，它具有站间距短、城市间客流密集等特点（表1-1-4）。市郊铁路是将市区与郊区，以及城市周围几十公里甚至更大范围的远郊地区(卫星城镇或城市圈)连接在一起的铁路或轨道交通。简言之，就是城区通往郊区的铁路。国外称之为“Suburban Railway”，也称Regional Railway。相比于高速铁路，城际铁路和市郊铁路站间距更密，甚至部分城市中心区或同一县域范围内会存在规划建设多个城际铁路站的现象，如何有效引导这些铁路站场的合理布局，是新时期综合客运枢纽规划需要关注的重要问题。

中国已建市郊铁路设站情况　　表 1-1-3

城　市	市郊铁路	开通时间	线路长度（公里）	车站数量	平均站间距（公里）
北京	S2 线	2008.8	77	7	11
上海	金山铁路	2012.9	56.4	9	6.27
成都	成灌铁路	2010.5	67	12	5.58
天津	蓟县线	2015.5	9.2	3	3.1

中国当前已建和在建主要城际铁路设站情况　　表 1-1-4

城际铁路名称	总规模（公里）	站点数量（个）	平均站间距（公里）
京津城际	120	5	24
沪宁城际	301	20	15.1
广珠城际	144	21	6.9
穗莞深城际	87	15	5.8
莞惠城际	100	16	6.3
武汉—黄石城际	96	10	9.6
武汉—咸宁城际	77	12	6.4
武汉—黄冈城际	37	8	4.6
长株潭城际	104	24	4.3
郑州—焦作城际	78	6	13
郑州—开封城际	50	5	10
青烟威荣城际	336	13	25.8
沈抚城际	65	7	9.3
长吉城际	110	5	22
昌九城际	135	7	19.3
海南东环城际	308	20	15.4

1.3 中国城市客运枢纽的类型与发展现状

根据当前中国客运枢纽的功能特征与实际运行情况，通常在规划建设中将客运枢纽分为城市对外客运枢纽和城市内部换乘枢纽两类。对外客运枢纽一般主要承担省际、城际之间区域性旅客运输及其与城市内部交通方式之间的换乘功能，而城市内部换乘枢纽通常是指一个城市内部不同的交通方式或同一种交通方式的不同线路之间的换乘。

在中国，城市对外客运枢纽主要是指依托火车站、长途汽车站、机场、客运码头等设施进行功能拓展，与城市交通方式相衔接建设的场站。在现有管理体制下，中国民用航空局负责全国民航机场的布局规划，并报送国务院审批；铁路枢纽规划一般由中国铁路总公司主导，与地方人民政府相协调确定布局，由于铁路站场依附于线路建设，其布局选址需要同步考虑铁路线路线位的影响、车辆调度运输组织的要求以及车站城市服务功能等，一般城市的地方政府在铁路车站规划选址方面的自主性或协调力度相对较弱；公路客运枢纽、客运码头的布局规划一般均由枢纽城市的交通运输主管部门完成，报省级交通运输主管部门组织行业审查后，再报当地人民政府审批并反馈至城市规划建设部门，原则上应成为城市总体规划的组成部分；城市内部换乘枢纽规划，包括城市轨道交通枢纽、城市公交枢纽等规划均由地方人民政府负责，根据各地分工不同，一般情况下由城市规划建设部门或交通运输主管部门组织编制。

中国客运枢纽的规划管理体制现状决定了城市客运枢纽在建设发展过程中必然面临多方式、多部门的协同，在一个城市或城市群内对不同类型的客运枢纽站场进行统筹布局，具有非常重要的战略意义。面对不同类型的城市，迫切需要在客运枢纽布局规划体系、关注要点与技术方法上得到指引。

总结目前中国各省区市客运枢纽规划建设实践，发现各地对客运枢纽类型划分的要素主要体现在枢纽规模流量、衔接方式、服务辐射范围、功能特征等几个方面。

①规模流量。规模流量一般表现为客运枢纽的总换乘量或各方式的对外旅客发送量，是体现客运枢纽服务能力的核心指标。依据枢纽的规模流量对枢纽进行分类是枢纽类型划分的主线，当前规模流量更多体现在枢纽级别的高低上。

②衔接方式。按照客运枢纽衔接了多少种运输方式，或以哪种运输方式为主导方，对综合客运枢纽种类进行划分。如中国交通运输部在《“十二五”综合客运枢纽建设规划》

中即采取了该种划分方式，将综合客运枢纽分为公铁衔接型、公铁航衔接型、公航衔接型、公水衔接型等不同类型的综合客运枢纽。此分类方法清晰简明，分类的结果也便于主管部门针对不同类型的客运枢纽进行行业管理。

③服务或辐射范围。按照客运枢纽的服务或辐射范围划分枢纽类型，如在辐射范围上以国际、国内、城际中短途对外运输服务为主，或服务于整个大区域、城市片区的运输服务。江苏省、大连市、广州市的综合客运枢纽规划中体现了以上分类要素。

④功能特征。除按照服务范围大小划分外，还可按照枢纽在区域中或者城市中承担的功能作用，划分为中转站（中转港）、终端站（目的港）。以上类型划分在规划层面有着重要的实际意义，不同功能作用的枢纽，其客流特点和服务需求也是不一样的。如河南省、深莞惠区域枢纽规划中均体现以上分类要素（表 1-1-5）。

中国现有枢纽规划中对客运枢纽的分类　　表 1-1-5

规划对象	分类分级	分类考虑要素
江苏省	国际客运枢纽、国内中长途客运枢纽和城际中短途客运枢纽三类	服务范围、规模流量和主导方式
河南省	门户枢纽、重要枢纽、一般枢纽三类	服务范围和辐射范围
深莞惠区域	一类（对外门户型）、二类（城际中转型）	服务范围、主体功能和规模流量
上海市	分为 A、B、C、D 四类	主导方式和规模流量
重庆市	区域性、地区性、城市综合换乘枢纽三类	服务范围和规模流量
大连市	全国型、区域型、城际型、辅助型四类	辐射范围和规模流量
广州市	全国型、区域型、城际型、城市型四类	辐射范围和规模流量

客运枢纽是承担各种交通运输方式间旅客中转换乘的重要节点，其初级发展形态为各类城市对外运输方式的客运站场。近些年来，承担中国城际间公共客运出行的各类客运站场均得到了快速发展。

截至 2017 年底，中国共有民航机场 229 个，具有一定规模的客运港口数量超过 30 个，营业性铁路客站数量超过 5000 个，四级及以上标准（四级站的标准为日均客流量 2000 人次以下）的公路客运站已经超过 10000 个。

案例—　《上海市综合交通客运枢纽布局规划》中关于客运枢纽类型划分

上海市综合客运交通枢纽布局规划根据枢纽承担的交通功能和规模大小，将客运枢纽分为A、B、C、D四类。

A类枢纽：以航空、铁路等大型对外交通设施为主，配套设置轨道交通车站、地面公交站、社会停车场、出租车营运站等市内交通设施，共同形成大型市内外综合客运交通枢纽。

B类枢纽：以轨道交通车站为主，结合地面公交站、出租车营运站、社会停车场和长途客运站等其他交通设施，共同形成大中型综合客运交通枢纽。其中B类枢纽又分为两类：B1类枢纽是以三线及三线以上轨道交通换乘站为主体的大型枢纽；B2类枢纽是以一线或二线轨道交通车站为主体的中型枢纽。

C类枢纽：以轨道交通、地面公交和机动车换乘为主体的停车换乘枢纽。

D类枢纽：以多条地面公交换乘站为主体的小型枢纽，通常是距离轨道交通车站较远的、多条常规公交线始末站集中布局而形成的枢纽。

公路运输方式是一种极具中国特色的城际间公共运输方式，它是中国当前最主要的联系城市间、城市与农村间的公共运输方式，详见图 1-1-4。

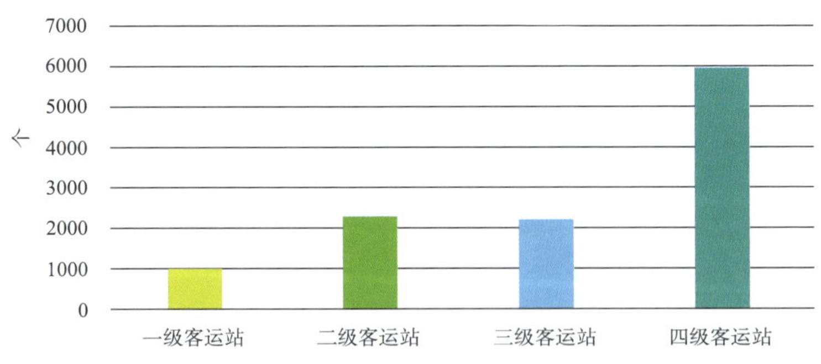

图 1-1-4　2017 年中国不同等级的汽车客运站数量

不同等级的客运站旅客发送量差异较大，2017 年中国 100 个主要公路客运站、30 个主要铁路客运站以及 40 个机场的客运量统计分析情况见图 1-1-5~ 图 1-1-7。

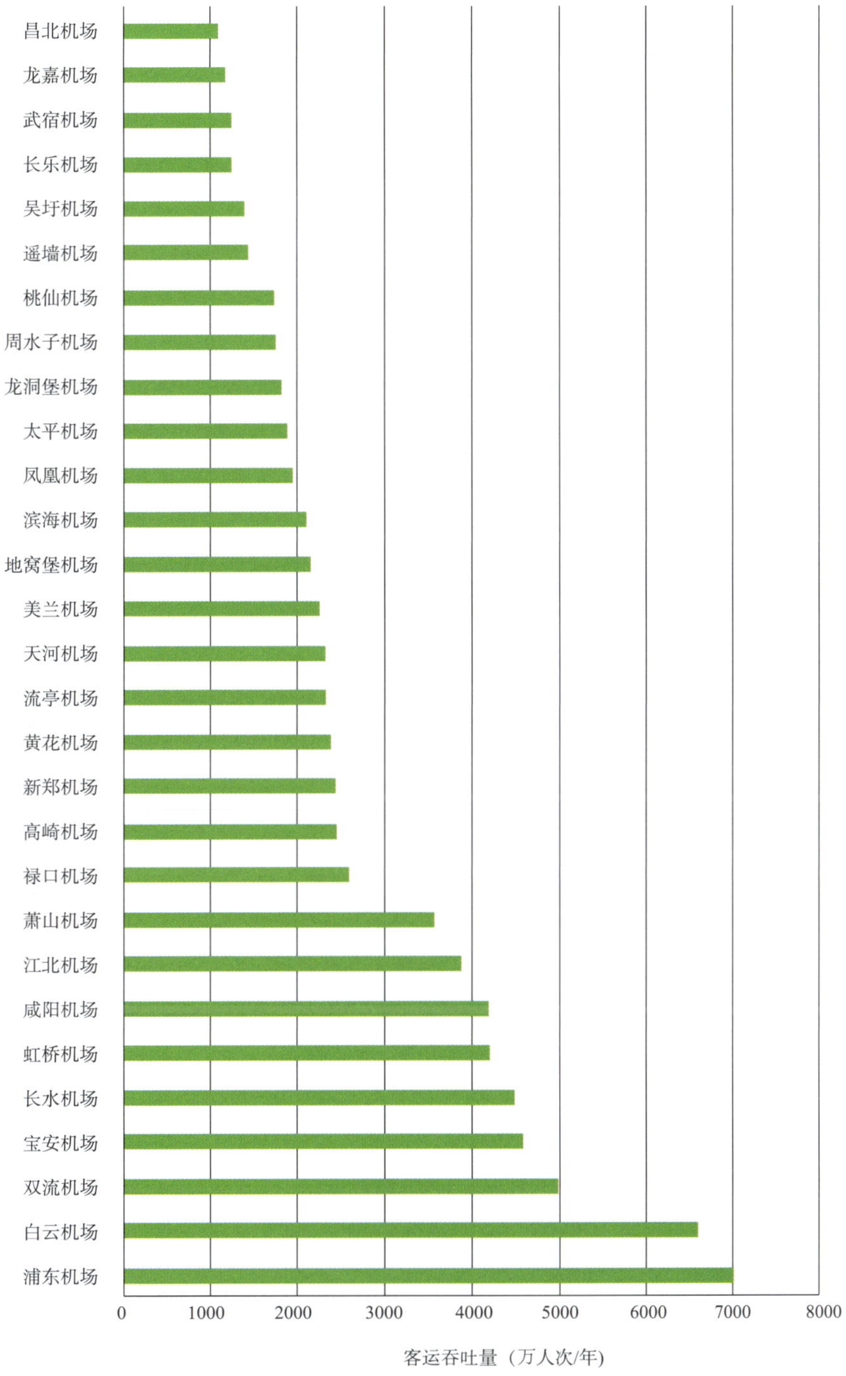

昌北机场
龙嘉机场
武宿机场
长乐机场
吴圩机场
遥墙机场
桃仙机场
周水子机场
龙洞堡机场
太平机场
凤凰机场
滨海机场
地窝堡机场
美兰机场
天河机场
流亭机场
黄花机场
新郑机场
高崎机场
禄口机场
萧山机场
江北机场
咸阳机场
虹桥机场
长水机场
宝安机场
双流机场
白云机场
浦东机场

0 1000 2000 3000 4000 5000 6000 7000 8000

客运吞吐量（万人次/年）

图 1-1-5　2017 年中国主要机场吞吐量情况

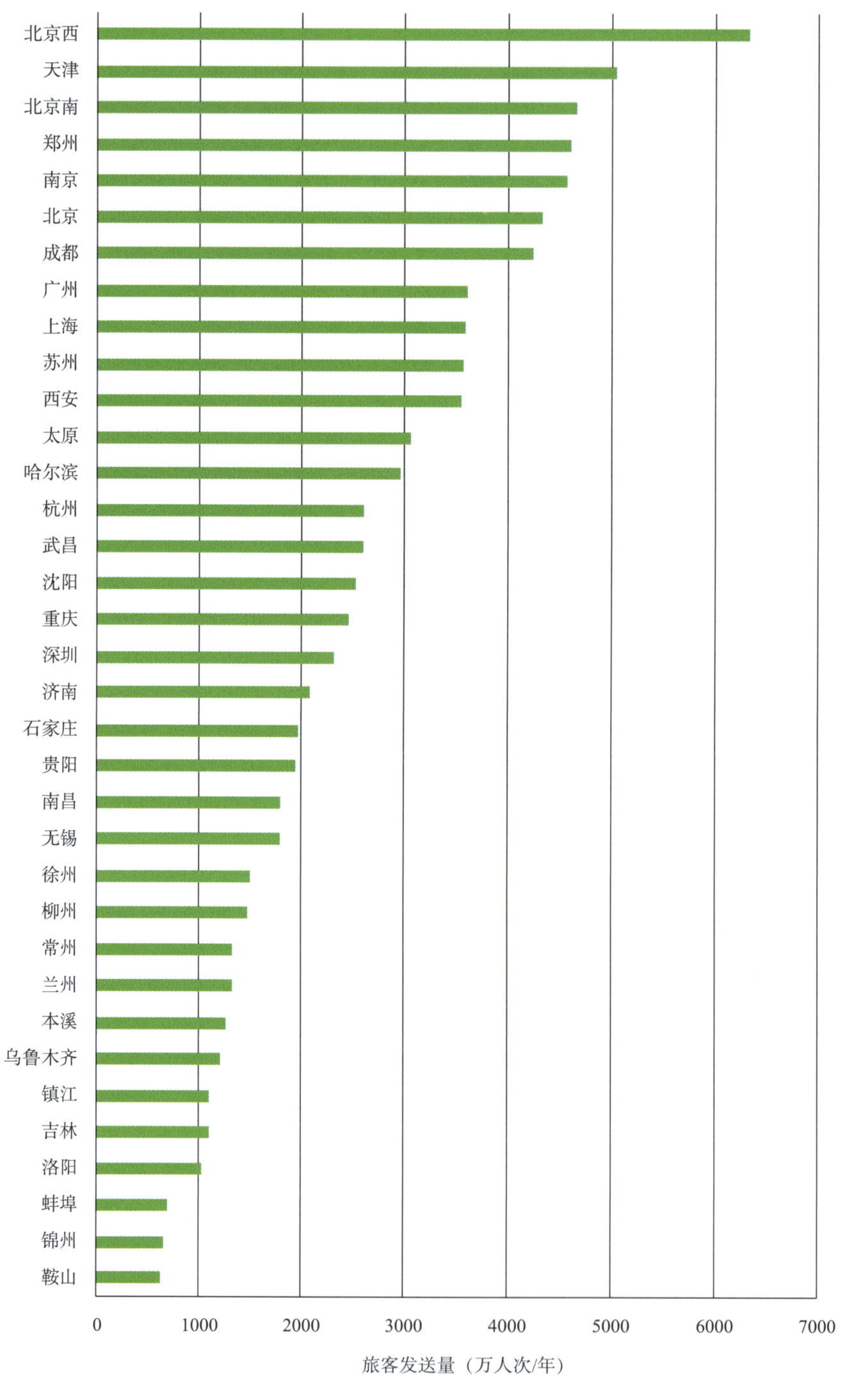

图 1-1-6　中国主要铁路客运站 2017 年旅客发送量

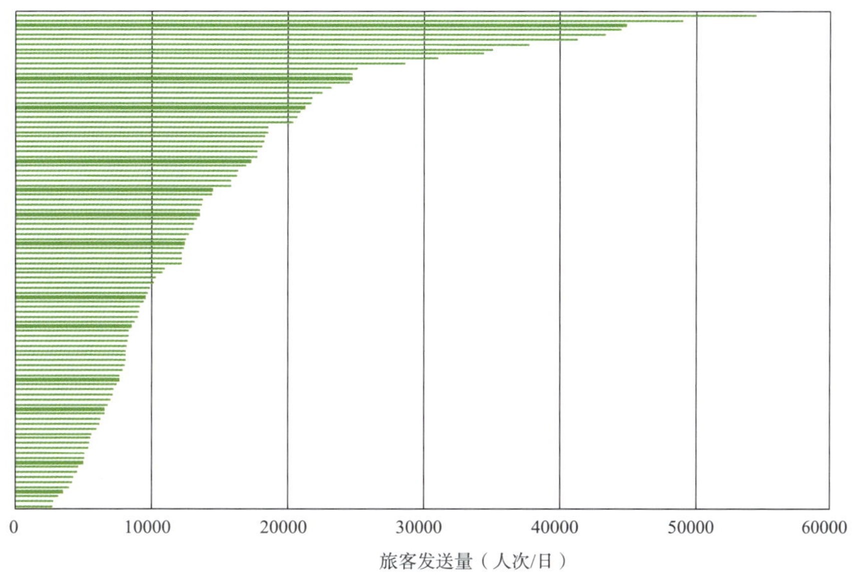

图 1-1-7　中国 100 个重要公路客运站 2017 年旅客发送量

1.4 中国交通运输部当前重点推进的客运枢纽类型

2008 年以前，中国交通运输发展的一个鲜明特征是各运输方式间的竞争与互不协调导致的分割。这种现象集中反映在客运枢纽领域就是：机场、铁路、公路，甚至包括公交枢纽等各交通方式客运站场均各自规划、独立建设、相互分割，旅客很难享受到一体化的服务体验（图 1-1-8、图 1-1-9）。

自 2008 年开始，中国启动了新一轮政府职能调整，成立了交通运输部，并逐步开始统筹管理各类交通方式的建设，指导城市客运发展，中国开始进入各方式融合交汇、加快构建综合运输体系的新阶段。这一时期，尤其是伴随着中国高速铁路大规模建设高潮的到来，各交通方式开始通过建设多方式衔接的综合性客运站场，来推动实现城际交通与城市交通的衔接，要求各类交通运输方式综合化、一体化的发展诉求越来越强烈。据统计，仅在 2010—2015 年期间，中国已经建成或在建的，融多种城际交通运输方式的综合性客运枢纽就已经超过了 100 个。当前已建成运营的 30 个综合客运枢纽，已成为承担中国省际、城际、城乡间中长距离旅客出行与换乘的重要枢纽。规划建设的 100 个综合客运枢纽的设计年度旅客换乘总量超过 1500 万人次 / 日，未来将成为综合交通运输网的公共客运组织中枢（图 1-1-10）。

珠海拱北口岸是中国内陆第一大陆路通关口岸，高峰时期每日客流量超过30万人次。2011年时，该区域范围内，存在着城市对外客运设施有三处汽车客运站与广州至珠海铁路站，且与口岸设施、城市公共交通站分别设置，旅客换乘不便。

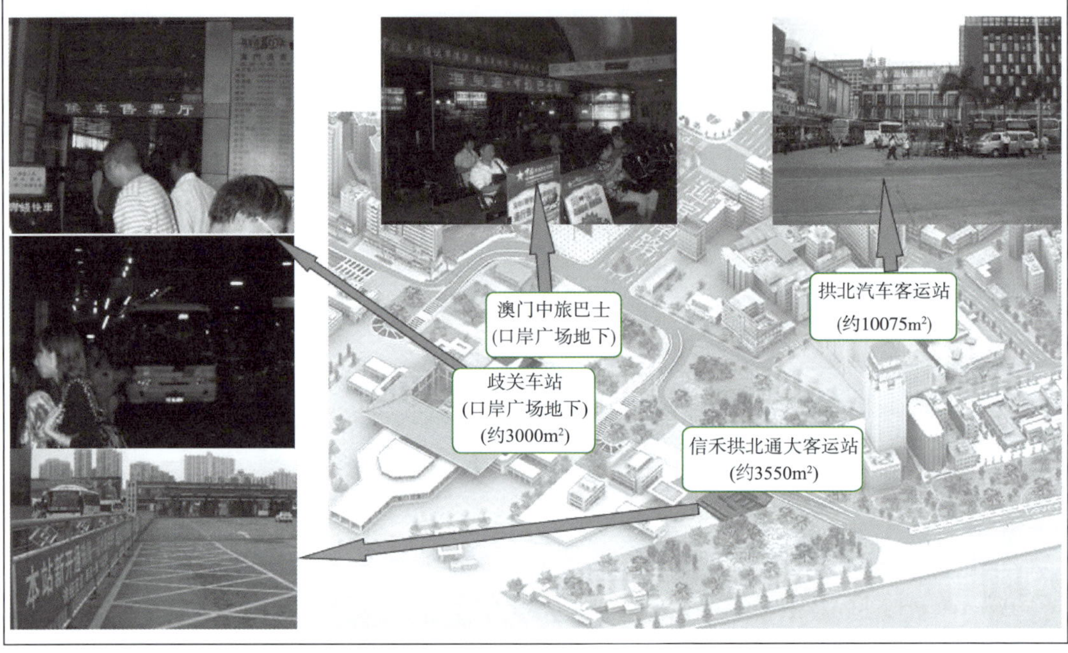

图 1-1-8　珠海拱北口岸五站分离案例

图 1-1-9　广东省东莞三站分离的典型案例

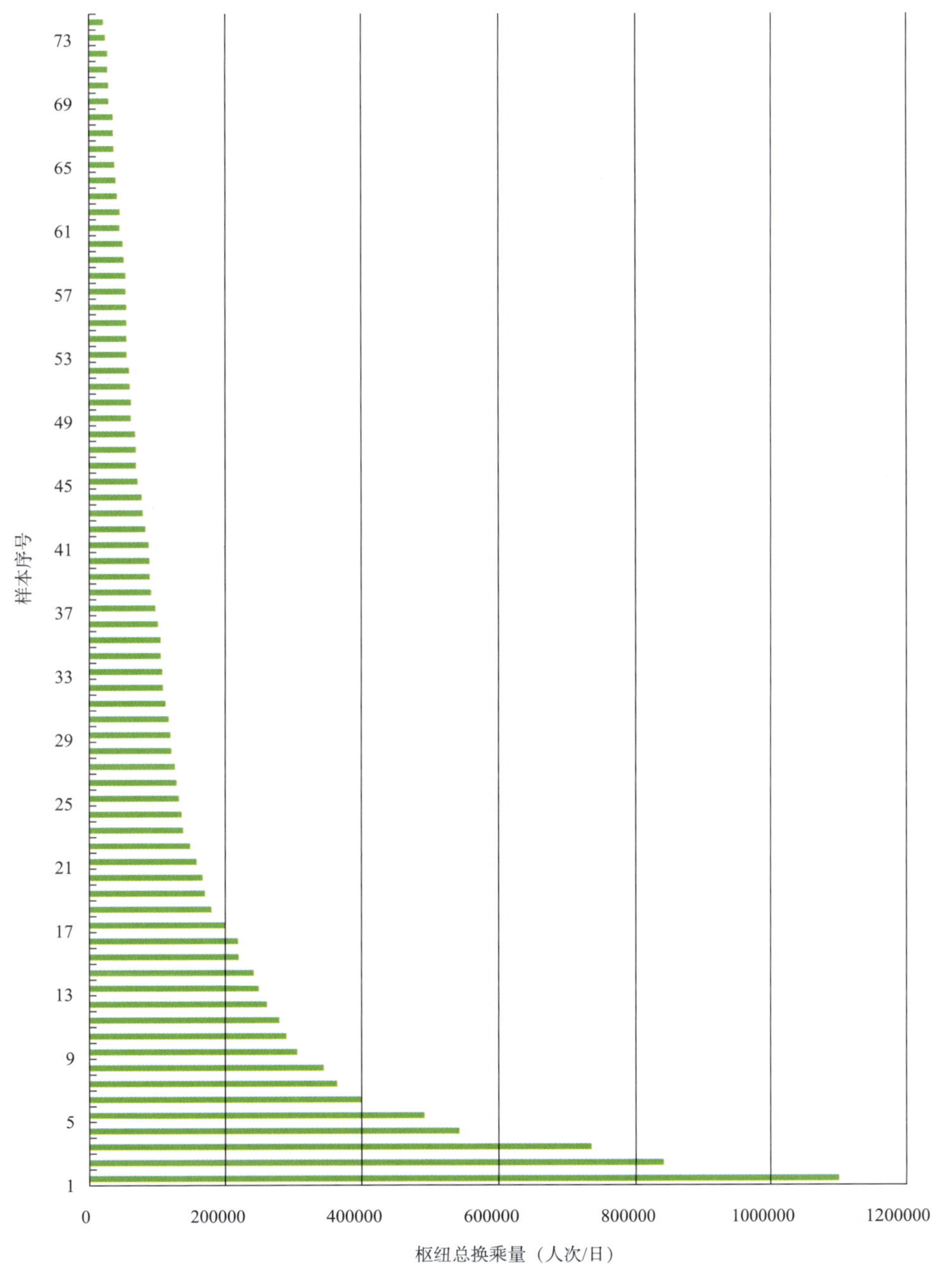

图 1-1-10　中国当前已建和在建的综合客运枢纽设计总换乘量

以下为中国当前重点推进发展的四种不同类型的综合客运枢纽（图 1-1-11~图 1-1-14）。

武汉天河机场交通换乘中心，是依托武汉天河机场2号航站楼的扩建工程，由武汉市政府主导建设的一座典型的多方式衔接的综合客运枢纽。它占地规模135000平方米，建筑面积279020平方米。融合了武汉 - 孝感城际铁路、武汉城市轨道交通2号线、武汉城市对外汽车客运枢纽站、武汉市内公共交通枢纽站、出租车蓄车场、社会车辆停车库等各类功能。项目方案采取了分层布设的方式，实现不同交通方式间的立体换乘。

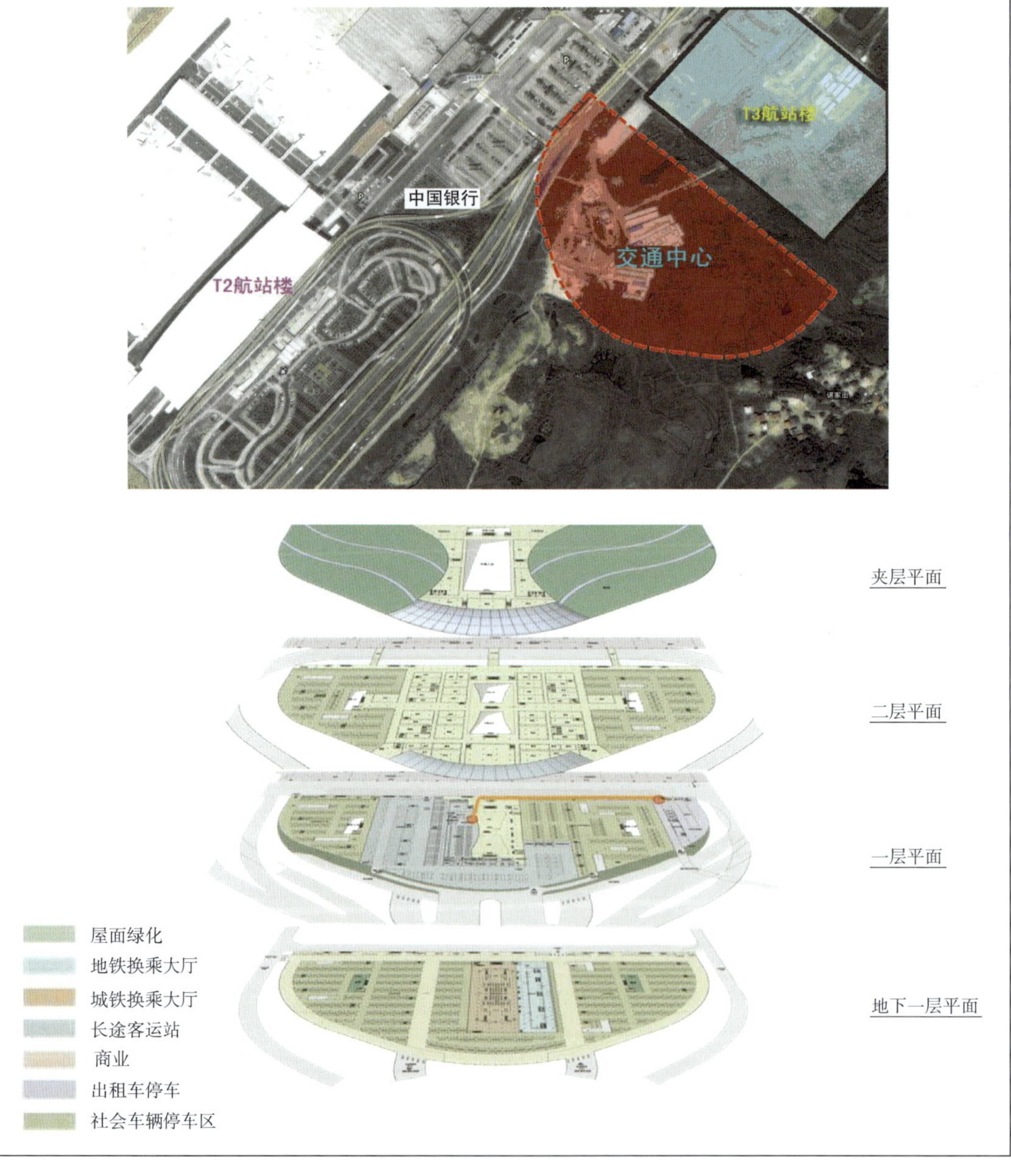

图 1-1-11　武汉天河机场交通换乘中心——民航主导型综合客运枢纽

南京站综合客运枢纽，是借助京沪高速铁路建设，依托原铁路南京站北广场的扩建工程，建设的一座典型的以铁路为主导方式，多交通方式相衔接的综合客运枢纽。它融合了南京铁路站南北广场、城市轨道交通线、汽车长途客运枢纽站、市内公共交通枢纽站、出租车蓄车场、社会车辆停车库等各类功能。

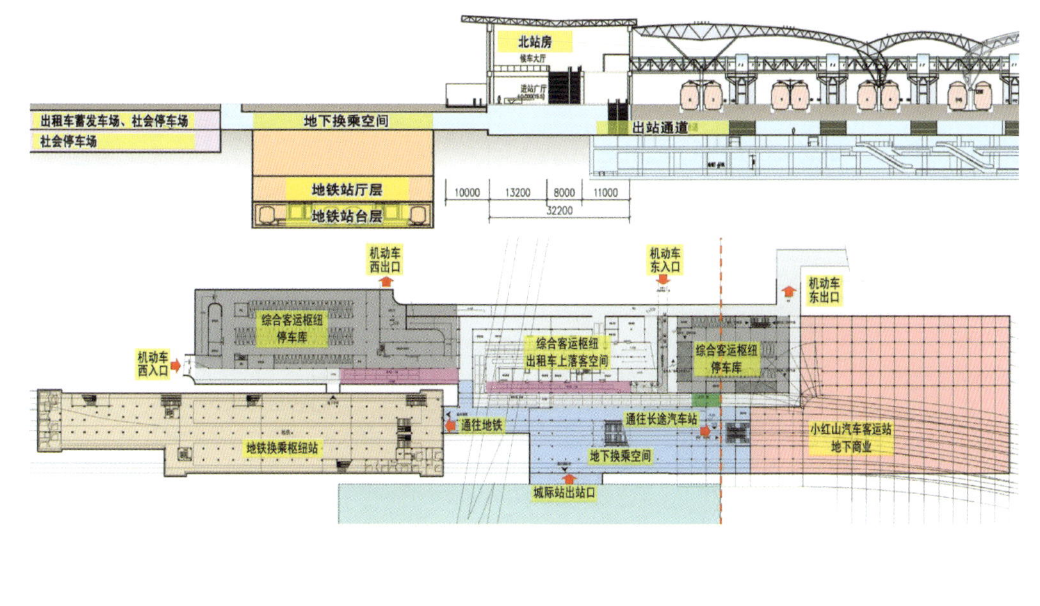

图 1-1-12　南京站综合客运枢纽——铁路主导型综合客运枢纽

大连皮口陆港中心项目位于大连市皮口镇，直接服务于中国唯一的海岛边境县——长海县约 8 万居民的出行生活和每年到国家级旅游度假区——大连长山群岛旅游度假区旅游的约 110 万游客的集散。项目涵盖了水运、公路、公交、滚装轮渡等各类公共交通方式，实现了一体化规划设计与建设、运营，各交通方式间换乘距离基本可控制在 100 米范围内。

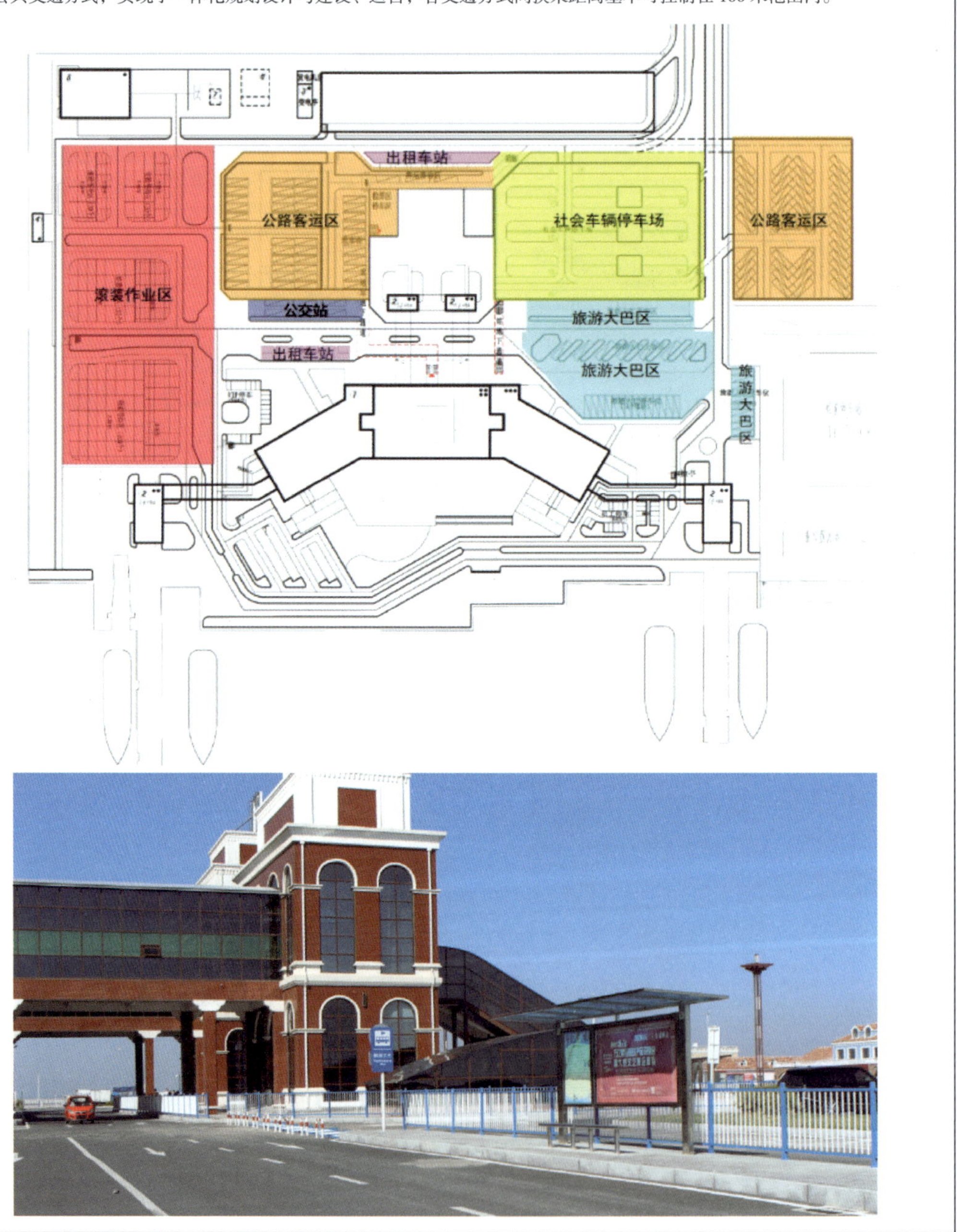

图 1-1-13 大连皮口陆港中心——水运主导型综合客运枢纽

长沙大河西综合交通枢纽位于中国国家级新区——湘江新区（也称大河西先导区）内，是长沙城市向西拓展、西进西出、辐射长株潭城市群乃至中部地区的重要客运枢纽。项目涵盖了城际铁路、公路长途、城市地铁、城市公交等各类公共交通方式，实现了一体化规划设计与建设、运营，各交通方式间换乘距离基本可控制在 5 分钟以内。

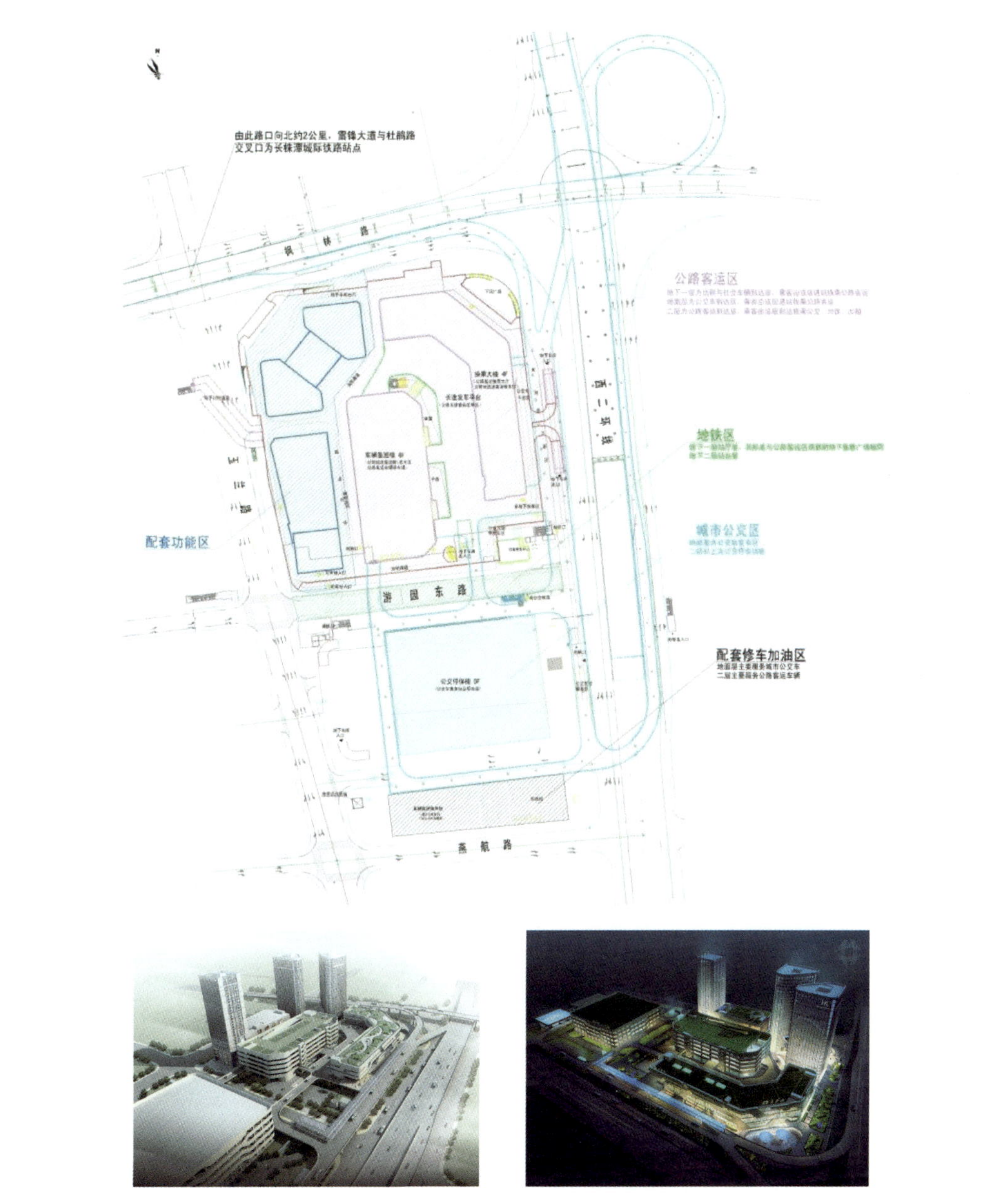

图 1-1-14　长沙大河西综合交通枢纽——公路主导型综合客运枢纽

1.5 中国城市客运枢纽的管理与政策

中国城市客运枢纽规划建设的发展历程，与中国综合交通管理体制的改革进程相伴而行。主要可分为两个阶段：第一个阶段是2008年之前，中国各种交通运输方式分别由不同的行政主管部门负责进行建设、管理，如铁道部负责全国铁路线网的规划建设，国家民航总局负责民用航空的规划管理，交通部主管全国的公路、水运建设，建设部主管全国的城市公共交通发展。

在以上时代背景下，1989年，交通部曾提出了30年的长远发展战略，分别针对国家公路主干线、水运主通道、港站主枢纽和交通支持系统提出了四项发展战略。1992年，交通部组织编制了《全国公路主枢纽布局规划》，在全国范围内确定了45个城市作为国家首批重点支持的枢纽城市，要求各个城市编制公路枢纽站场的布局规划，明确建设重点。2007年，交通部进一步加密了公路枢纽城市系统，在全国范围内规划布局了179个国家公路运输枢纽节点（共涉及196个城市，其中有12个是把发展紧密的城市群地区作为一个枢纽城市对待），并要求各城市的交通主管部门负责组织编制城市客运枢纽的总体规划，以确定枢纽城市内具体公路客运站场的规模、数量与布局等，为指导枢纽布局规划，交通部编制出台了《公路运输枢纽布局规划编制办法》。

2007年，国家发展和改革委员会出台了《综合交通网中长期发展规划》，提出要在全国范围内重点建设42个综合交通枢纽城市，并要求各城市开展客运枢纽站场的布局规划编制工作，明确各个城市内部不同层次、不同类型的客运枢纽站场总体布局与建设规模，但并未给出具体的编制办法和范围。

中国客运枢纽的发展自2008年起进入第二阶段。2008年中国实施了交通运输领域的行政体制改革，成立了交通运输部，将国家民航总局负责的民航管理职能，建设部主管的指导城市公共交通发展的职能划入了交通运输部。2013年，中国政府继续深化了交通运输领域行政体制改革，撤销了铁道部，由交通运输部统筹铁路、民航、公路、水运各类城市对外运输方式的规划与管理工作，并指导城市客运发展。

交通运输部在2008年成立之初，就确定了以促进多方式衔接的综合客运枢纽建设为切入点，加快构建综合运输体系的目标。2012年，交通运输部组织编制了《“十二五”期综合客运枢纽建设规划》，明确提出了在2011—2015年期间，重点资助建设100个多种方式有效衔接的综合客运枢纽。2015年，交通运输部出台了《综合客运枢纽投资补助项目管理办法》，明确提出了对综合客运枢纽项目的主要技术要求，进一步规范了枢纽项目的前期工作管理，加强了技术指导。

中国各级政府部门为有效指导客运枢纽的规划、建设，曾在不同阶段出台了相关政策。

一是国家层面的政策。2010 年交通运输部制定并实施了“利用中央车购税资金补助支持综合客运枢纽加快建设”的政策，对不同的综合客运枢纽，根据其投资规模可以给予 3000 万 ~5000 万元不等的资金补助，鼓励多方式有效衔接。截至 2015 年 6 月，交通运输部已经累计资助综合客运枢纽建设项目 116 个。2013 年，国家发展和改革委员会发布《促进综合交通枢纽发展的指导意见》，在主要任务中明确“加强以客运为主的枢纽一体化衔接”。2013 年 5 月，国务院批准发布了《产业结构调整指导目录（2011 年本）修订本》，首次从国家层面上将综合交通运输独立提出，界定为鼓励类产业。指导目录在综合交通运输产业序列中共列出八项鼓励发展内容，其中 7 项涉及综合客运枢纽，具体见专栏框图。2013 年初，财政部和国家税务总局联合印发了《关于对城市公交站场道路客运站场免征城镇土地使用税的通知》，明确对城市公交站场、道路客运站场用地，免征城镇土地使用税，降低了综合客运枢纽建设土地使用费用。2014 年，国务院办公厅印发《国务院办公厅关于支持铁路建设实施土地综合开发的意见》，支持在保障铁路运输功能和运营安全的前提下，对铁路站场及毗邻地区的土地实施综合开发利用。2016 年 5 月，国家发展和改革委员会印发了《关于打造现代综合客运枢纽 提高旅客出行质量效率的实施意见》，针对综合客运枢纽在规划建设过程中应遵循的基本要求，提出了综合客运枢纽建设指引。

专栏　综合交通运输产业指导目录

1. 综合交通枢纽建设与改造
2. 综合交通枢纽便捷换乘及行李捷运系统建设
3. 综合交通枢纽运营管理信息系统建设与应用
4. 综合交通枢纽诱导系统建设
5. 综合交通枢纽一体化服务设施建设
6. 综合交通枢纽防灾救灾及应急疏散系统
7. 综合交通枢纽便捷货运换装系统建设
8. 集装箱多式联运系统建设

二是地方层面的政策。中国各地在发展过程中，针对客运枢纽的建设发展也出台了相关政策，主要体现在规划引导、资金支持、土地供给、技术指导等多方面。规划制定和引导发展方面，北京、上海、江苏省根据本区域发展特点，对客运枢纽进行了分级分类研究，提出了政府支持的建设重点，明确了各政府部门的分工。资金扶持政策方面，河南、湖北等省份的交通运输行业主管部门均参照国家政策，出台了资金补助支持的政策。技术指导政策方面，上海市编制了全市范围内的综合交通枢纽布局规划，并针对不同类型的客运枢纽的选址、建设，出台了专门的技术导则；江苏省交通运输厅联合住房与建设厅，针对多方式衔接的综合客运枢纽的规划建设提出了指导性意见；北京市交通运输委员会组织开展了客运枢纽交通服务功能审查要点的研究等，并成立专门的交通枢纽建设管理公司（北京公联交通枢纽建设管理有限公司），负责全市客运枢纽的建设。此外，各地政府均结合本地区实际情况，在权限范围内，针对客运枢纽的建设在用地划拨或出让方面给予了相关优惠政策。

1.6 中国城市客运枢纽发展中存在的问题

交通运输部为综合交通运输的主管机构，但在当前阶段，由于综合交通运输管理体制改革尚未到位，民航、铁路、公路等各交通方式站场在规划、设计上仍存在需要进一步协调、改善的方面，突出问题表现在以下几个方面。

（1）客运枢纽的布局与城镇空间格局存在协调统一的过程

根据对中国高速铁路站场与城市关系的分析中国高速铁路客运站的布设，在特大型、大型城市中，基本上尚能设置在城市中心区范围内；而在大多的中小城市，新建高速铁路站往往距离城市中心区较远，位于城市边缘区或者外围新区（图 1-1-15）。由于综合客运枢纽的建设可以带来大量客流，可以有效提升周边土地升值，拉动城市规模拓展，带动周边经济发展，因此地方政府往往对高速铁路设站于郊区、新区保持了欢迎的态度。

如此一来，相当一部分中小城市的高速铁路枢纽在规划运行上更类似于机场主导的综合客运枢纽，对城市新区与老区的交通互动，以及枢纽与城市交通的衔接提出了较高要求，倘若缺乏足够人口入驻枢纽新区或者与老城区的交通衔接做的不好，就容易形成“高铁鬼城”现象，因此高速铁路客运枢纽与新城建设开发存在着融合发展的过程。

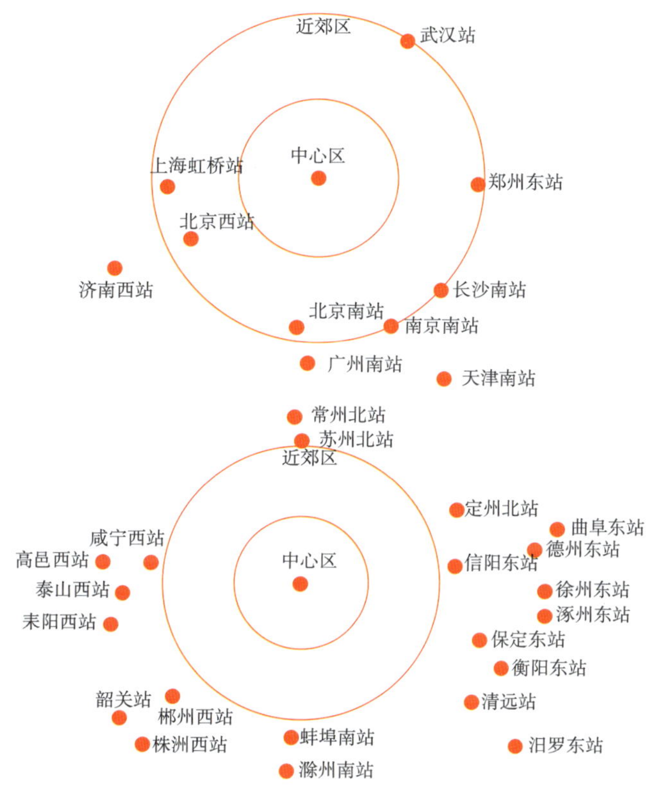

图 1-1-15　中国大城市与中小城市高铁站与城区的空间关系对比

（2）同一城市内部各枢纽之间的服务功能缺乏统筹和配合

城市客运枢纽作为城市重要的基础设施，必须与各种运输方式、城市道路等有效衔接，才能形成衔接顺畅、运转高效、能力充分的城市综合客运体系。目前，国内许多城市发展客运枢纽，更多的是站在一个“点”上单纯研究站场自身的交通功能建设，而忽略了从城市整体角度系统考虑城市对客运枢纽的布局、功能和衔接要求，忽略了城市结构发展与综合客运枢纽的关系，忽略了与城市客运系统的有效整合。

此外，在空间尺度较大的大城市或城市群内部，往往存在着多个铁路站场、公路枢纽站场，各个站场之间服务功能的分工，在层次结构上不够清晰，各枢纽间也缺乏有效的配合和交通衔接，以上现象在很大程度上影响着客运枢纽效果的发挥。解决这个问题的关键需要从城市规划、综合运输规划等上位规划阶段统筹考虑客运枢纽的布局规划问题，明确在城市或城市群区域内，需要布设多少个枢纽，各枢纽在对外交通与城市交通转换过程的各自分工与服务功能。

（3）客运枢纽的交通服务功能与城市功能融合不够

客运枢纽作为城市的公共场所，在承担疏解城市交通问题的同时，还应注重满足庞大人群活动的多样性以及不同的社会需求，将公共交通枢纽合理融入城市系统，与城市生活“无缝衔接”。现阶段中国运营中及在建中的客运枢纽，在功能上往往强调单一的交通换乘功能，与城市功能的融合度不够。综合客运枢纽集合了各种交通资源，汇集了大量客流、信息流，也吸引了诸多经济活动在此开展。客运枢纽在提供商业、休闲、商务等城市功能的同时，如何平衡好枢纽的交通公共服务功能与经济开发、城市服务功能，特别是考虑到经济开发可能会带来的非交通客流对交通设施的影响，应如何考虑合理控制枢纽内或枢纽周边区域的商业开发比例等，也是城市发展需要解决的重要问题之一。至今行业主管部门尚没有明确的指导意见。

（4）综合客运枢纽的建设缺少明确的标准规范予以技术指导

至今，中国已在建百余个综合客运枢纽，由于缺少国家标准、行业标准指导，无法形成综合客运枢纽统一规划的整体方案，各运输方式的客运站场建设时序无法协调，场站用地不能预先控制，导致当前在建的客运枢纽内各方式功能设施布设不尽合理，多数在建枢纽的布局存在拼盘现象。设施衔接方面，枢纽内其他方式为与主导方式之间衔接往往要通过换乘天桥、廊道、大厅、广场等设施方可实现，旅客换乘距离较长。交通设计方面，由于普遍缺乏对慢行集散交通的考虑，多数枢纽均通过机动车集散，一旦交通组织没有做好，枢纽与城市路网衔接点经常会成为“交通瓶颈”。此外，客运枢纽建设在信息建设、安全管理等方面也存在标准规范缺失的问题。凡此种种问题，导致客运枢纽交通功能发挥不理想、服务水平不高，严重制约了中国城市客运枢纽的发展。

1

第 2 章 城市客运枢纽布局及功能优化国际经验总结

经过多年的发展，日本和德国已经形成了很多集城市对外交通方式和城市交通方式为一体的城市客运枢纽，城市客运枢纽的枢纽布局和功能优化方面，有很多经验值得我们借鉴和思考。

2.1 日本综合客运枢纽规划建设经验

日本大都市圈的形成离不开它的轨道交通系统，通过轨道交通线网衔接的各类车站是大都市圈各个职能区域客流进出城市交通网的切入点。总结日本大都市圈内综合客运枢纽建设经验，主要特点如下：

（1）以轨道交通为主体，构建起一套衔接紧密的枢纽网络

东京市枢纽布局完善，各个枢纽承担了不同的运输功能，整个枢纽网络布局层次分明，通过轨道交通，各个枢纽紧密衔接，组成了一个完善高效的枢纽体系。

东京都地区共有大小车站374个，以铁路为主的综合枢纽有东京站、新宿站、池袋站、涩谷站、品川站、上野站，以航空为主的有东京国际机场和成田国际机场。

以铁路为主的综合客运枢纽都分布在半径 5 公里的山手环线上，大型综合客运枢纽之间通过轨道交通衔接。

东京枢纽体系布局主要特点如下：

①以轨道交通枢纽为主体的枢纽体系。东京国铁和城市轨道交通极其发达，故依托轨道交通车站形成了内外交通方式紧密衔接的枢纽体系。即便是日本的两大国际机场也可以通过区域快速轨道交通满足中远途的集疏运要求，同时通过市域轨道系统和高速公路网络与周边地区形成良好的衔接。

②客运枢纽之间通过轨道交通衔接。发达的轨道网络不仅成为日本组建综合客运枢纽重要基础条件，同时依靠轨道网络，又将不同层次的各个综合客运枢纽之间连接

起来，形成更广大区域范围的换乘与衔接，带动日本整个运输服务效率、服务水平的提高。

③对外交通枢纽与城市内部交通紧密衔接。东京市经济发达，城乡发展呈现一体化融合，而东京国铁、私营铁路也承担城市交通的功能，并且与城市轨道衔接方便，使得对内交通和对外交通浑然一体，最大限度地满足了乘客的转换和集散出行需求。

（2）综合枢纽服务功能多元化，发展成为城市功能区的核心

日本东京站每日到发列车班次4000多班，日均客流量150万人次，以东京车站为核心集中了众多世界上有代表性的大公司，各行业公司的集中易在此形成商务链，使东京站综合枢纽自然而然成为了日本商务心脏（图1-2-1）。

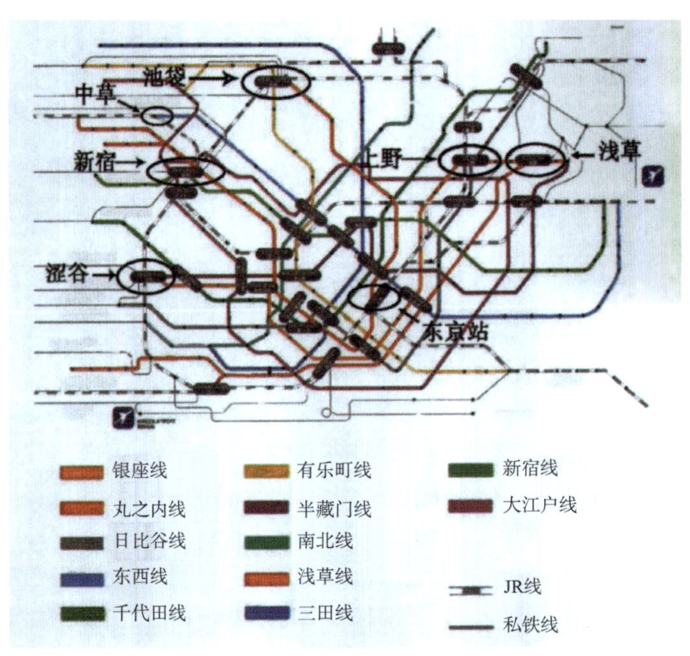

图1-2-1　东京都市圈内主要客运枢纽分布图

新宿站是8条轨道交通线路的大型换乘中心，周围联络了39条公交线路，30多个汽车停车场，高峰日客流量超过了400万人次，是东京圈内最大的交通枢纽。新宿副都心是以新宿车站为中心，辐射到周围半径700米的范围，是个典型的交通枢纽型商圈。

池袋副都心规划用地130公顷，是以池袋站综合枢纽为核心形成的继新宿、涩谷之后山手线沿线具有代表性的东京又一著名商业区和交通枢纽站。

涩谷车站是7条轨道线集中的交通枢纽。涩谷副都心是与银座、新宿、池袋同名的

都市圈著名繁华区，它在以涩谷车站为中心的1500米范围内进行开发，与新宿同样被列为“24小时不眠之街”的城区。

上野、浅草位于东京都台东区，作为从东京通往东北地区铁路交通的起点，素有都市圈“北大门”之称。包括JR（Japan Railways. 日本国有铁路）新干线在内，上野和浅草车站汇集了6条以上的铁路站线。

京阪神都市圈中的京都站综合枢纽占地总面积23.76万平方米，包括酒店、百货、购物中心、电影院、博物馆、展览厅、地区政府办事处、停车场等；除承担交通功能，还是大型开敞式露天舞台、大型活动的聚会中心、古城全景的观赏点、购物中心和空中城市。

（3）TOD 理念下的枢纽开发与国土开发紧密相关

围绕综合交通枢纽进行高强度的综合土地开发是东京城市发展的显著特点。东京站、新宿站等综合交通枢纽周边建筑容积率超过 10。交通枢纽融合商业、办公、休闲娱乐等多种功能。新宿、涩谷、池袋等综合交通枢纽周边已经成为东京最具活力和商业价值的地区（图 1-2-2、图 1-2-3）。

东京站: 20世纪20年代

东京站: 2011年

图 1-2-2　东京站历史及现状照片对比

据统计，东京都市圈中有 95 个 JR 线、地铁或私铁的车站与营业面积大于 1 万平方米、年营业额大于 100 亿日元的商业中心相毗邻，而剩余同等规模的商业中心只有 4 家没有靠近轨道交通车站，但也有多条公共汽车线路通过。通过对这 95 个车站的日乘客量和商业中心的营业面积进行回归分析，发现两者之间有着很好的相关性。

在东京都最新一期的开发计划中，日本政府在东京站周边的中央商务区地区（大手町—丸之内—有乐町）进行了高强度开发（图 1-2-4）。面积 1.2 平方公里的空间内聚集着4000个工作单位，容纳就业人数23.1万人。

枢纽等级	车站	车站周边土地利用	分区功能
一级换乘中心	东京车站	政治、零售、商业为主	政党机构集中区
	新宿	商业、饮食、文化、娱乐为主	业务和娱乐功能为主要特色的中心地
	涩谷	商业、饮食、文化、娱乐为主	信息情报和时装业为主要机能的中心地
	池袋	商业、饮食、文化、娱乐为主	文化型的综合性中心
二级换乘中心	上野	商业、饮食为主	传统文化与现代文明结合有传统特色的中心地
	浅草	商业、饮食为主	传统文化与现代文明结合有传统特色的中心地
三级换乘中心	中草	商业、饮食为主	

图1-2-3　东京都市圈交通枢纽与土地利用关系

图1-2-4　大手町—丸之内—有乐町地区改造计划

（4）通过密集分布的出入口及地下连廊将综合交通枢纽与周边建筑紧密联系

东京的综合交通枢纽在微观层面将公共汽车站、出租汽车站、地下停车场以及商店、银行、商业街等布置在同一建筑物内，或用地下通道连为一体，出入口数量多、分布广。以新宿站为例，新宿站通过充分利用地下空间，结合大型商场与购物中心，真正实现了交通与建筑群体的一体化，在超过 2 平方公里面积内分布了 100 个以上的出入口（图 1-2-5）。

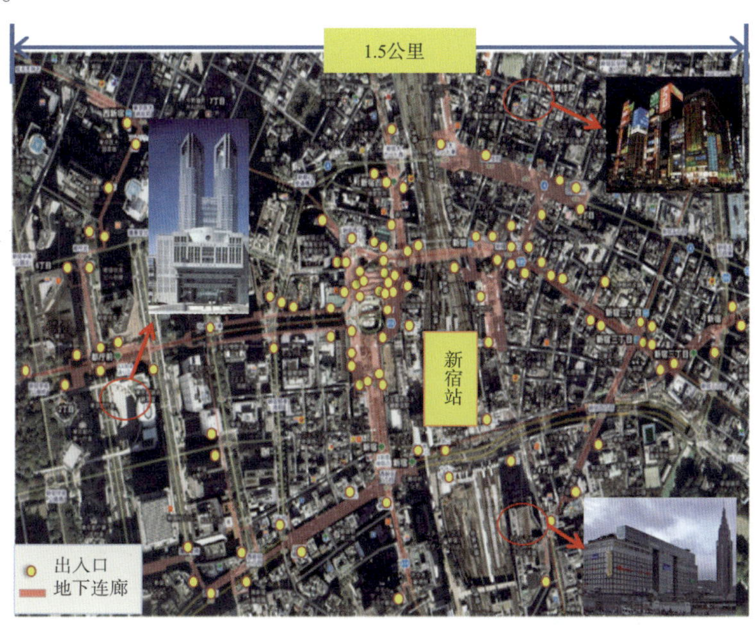

图 1-2-5　新宿站地下连廊及出入口分布示意图

由于上述原因，东京综合交通枢纽的出站客流中，88.7% 通过步行疏解（图 1-2-6，数据来源：《东京大都市圈交通调查报告》）。市民从交通枢纽站点下车后，通过步行即可到达单位、学校、商场等目的地，且大约 90% 左右的步行时间在 10 分钟内，大大提高了枢纽周边客流的集散效率，减少了地面的交通压力。

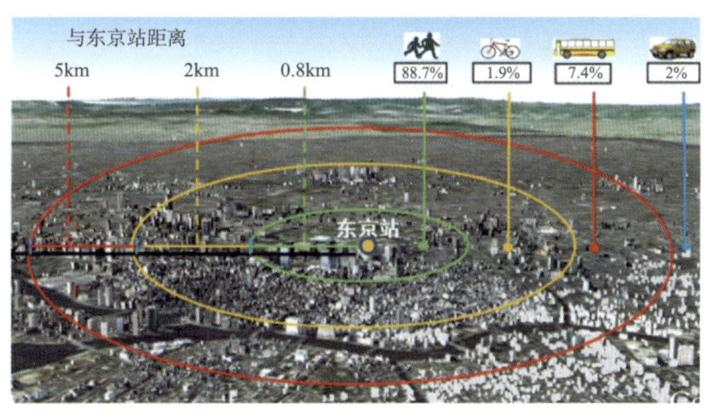

图 1-2-6　东京站客流疏散交通方式

（5）客运枢纽细节体现以人为本，实现立体化换乘

日本城市客运枢纽经过多年的建设运营，积累了很多经验，对枢纽内部的布局等各细节都真正做到以人为本，如基本上所有的售票窗口都紧邻入口，极大地方便了旅客。

日本城市客运枢纽以轨道交通之间的换乘为主，在设计时把所有线路均引入枢纽内部，立体化布局，乘客换乘全部都在室内，十分便捷。既改善了换乘舒适度，又缩短了换乘时间，从而成为换乘枢纽的基本理念之一。如关西空港客运枢纽各层之间均设有自动扶梯或者直梯（图 1-2-7）。

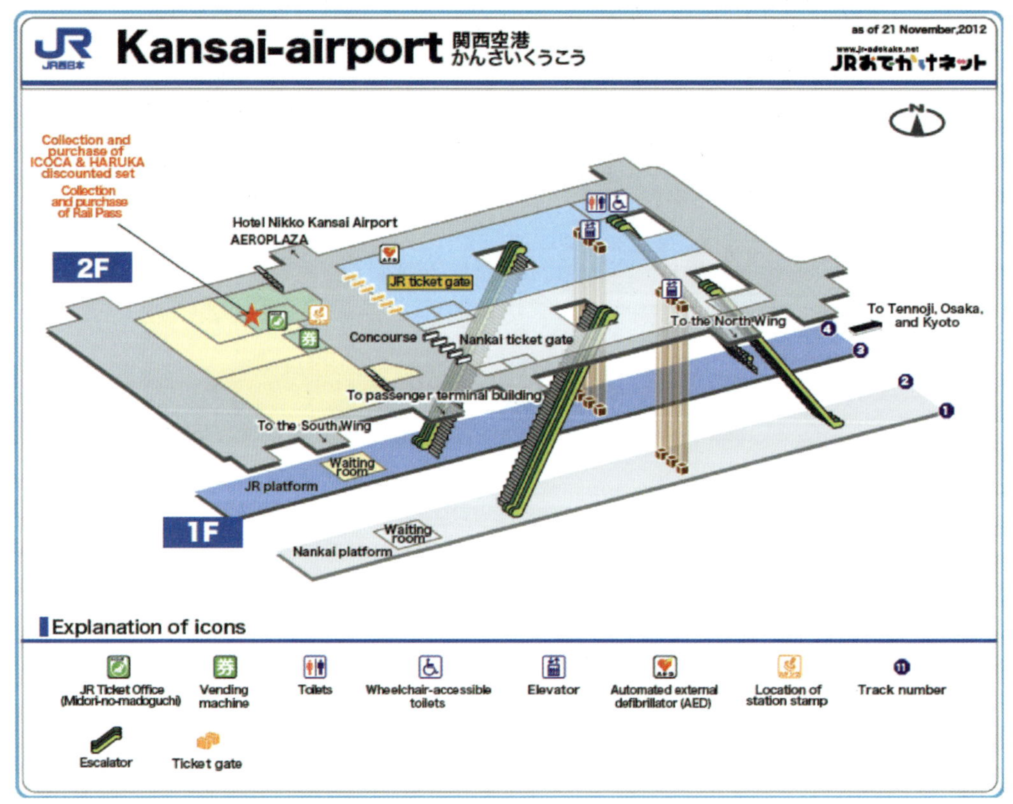

图 1-2-7　关西空港立体化换乘

日本客运枢纽的自动售检票系统以及众多的对外进出口，使得旅客疏散迅速、方便。日本不但地铁、轨道交通采用自动售检票系统，而且铁路也采用相同的方式，而非人工统一集中检票，避免了人群集中，提高了客流集散速度。另外，日本客运枢纽的进出口特别多，不但在地面层的各个方向都有多个进出口，地下层也有很多通道直接通到周边建筑或者地上，一个客运枢纽一般都有十几个甚至几十个进出口，在方便旅客

的同时提高了客流集散速度（图 1-2-8）。

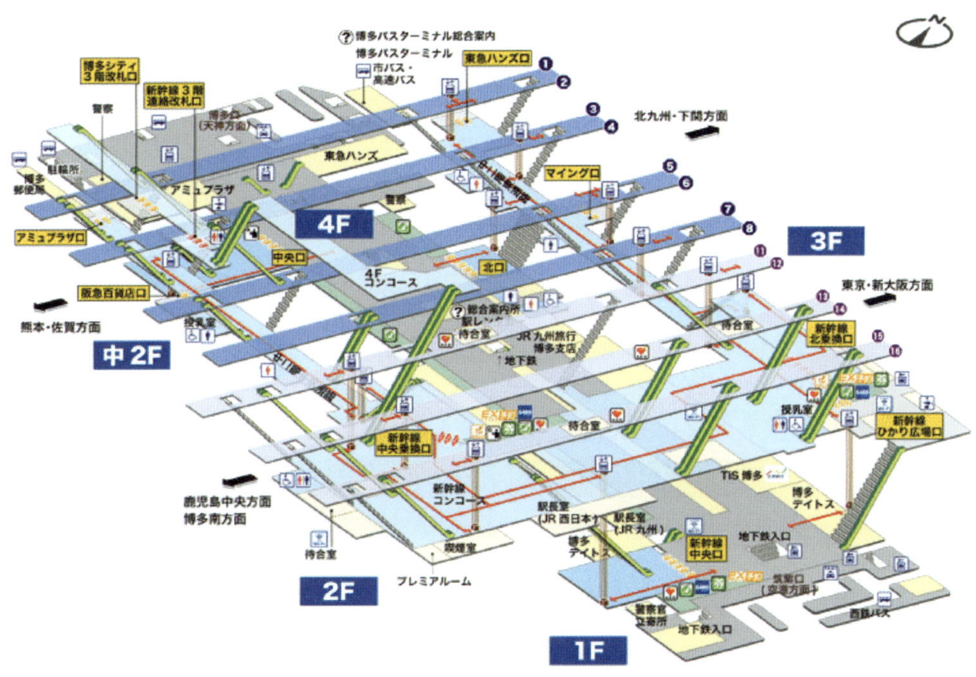

图 1-2-8　福冈市博多站进出口分布

2.2 德国综合客运枢纽规划建设经验

德国的综合客运枢纽主要依托机场和火车站而建。由于德国历史上长期处于各联邦州相对独立的状态，城镇空间分布均衡，故而政府试图通过综合客运枢纽的建设，努力引导构建一个适应德国国家发展战略和城镇体系模式的层级化公共交通出行体系，以支撑其作为欧洲大陆交通转换枢纽的功能，增强国家对欧洲大陆的辐射力。

功能布局上：德国以航空为主导的综合客运枢纽按照服务范围的不同大致划分为洲际、州内两种类型；铁路客运枢纽一般分为综合性枢纽站、大型、区域性等五个层次的运输场站体系，具体到一个城市内部也基本按照功能分类，如柏林大都市圈从功能上将区域内的铁路客运枢纽划分为对外长途、城际枢纽两类。

设施建设上：无论是航空主导型还是铁路主导型综合枢纽，德国均注重多模式的衔接方案，如将远程铁路、区域铁路、市域轨道线以及区域高速公路均引入到了航空枢纽中，多种运输方式高度集中化，构建了多种运输方式高效衔接、换乘方便、服务水平高的航空运输枢纽体系。

体制机制上：在德国，一个大型综合客运枢纽的建设也面临着多个部门的大量烦琐的谈判和协调工作，机场、德铁、地铁和道路集散系统的投资渠道各不相同，但是，能够保证多个方面“坐在一起谈”是德国实现枢纽统一规划、统一建设的关键。主要在于：第一，联邦交通建设与城市发展部是联邦交通运输事业的主管机关，统一的大交通管理体制保障了不同运输方式主管部门可以在一个平台下的有效协调；第二，城市政府发挥了重要的推动和促进作用；第三，提倡以利益共享为基础的市场化组织运作模式。

汇总德国综合客运枢纽规划建设特征如表1-2-1所示。

德国综合客运枢纽规划建设发展特征 表 1-2-1

借鉴方面	特　点	表现形式
功能布局	以服务功能为导向； 层级化、轴辐式的布局形态	柏林都市圈枢纽体系布局完整，等级结构合理，各种不同的枢纽有不同的服务功能，承担了不同的运输功能，整个枢纽网络布局层次分明，相互之间衔接非常顺畅，最大程度地保障了柏林地区综合客运体系的高效运转
设施衔接	多方式衔接； 快慢衔接； 功能设施衔接 强调快捷、舒适、自由的换乘选择	德国枢纽基本均包含了4种以上的交通方式，不同交通方式上有同站台换乘、立体换乘等方式，基本实现“零换乘”；大型航空港和铁路枢纽集疏运方面主要通过轨道交通来实现优化衔接，辅以高速公路和其他交通方式，主要航空港往往设置中长途快速铁路客运站，体现航空港 - 火车站联合枢纽的一体化运输理念
信息导向	统一的标识系统和完善共享的信息服务	在德国城市内，凡是有H标志的，表明该站同时有多条城际、城市轨道交通和公共汽车线路停靠，可实现多方式换乘； 通过电子显示板、动态信息板以及语音广播等多种渠道为乘客乘车提供精准的时间预测和车辆信息。“一票、一价、一张时刻表”
管理支撑	统一规划、建设、管理	第一，联邦交通建设与城市发展部是联邦交通运输事业的主管机关，统一的大交通管理体制保障了不同运输方式主管部门可以在一个平台下的有效协调；第二，城市政府发挥了重要的推动和促进作用；第三，以利益共享为基础的市场化组织运作模式

2.3 国外综合客运枢纽规划建设启示

总结各国综合客运枢纽规划建设历程，得到以下经验启示：

（1）功能布局的一体化需要一套有效协调机制和科学的体系设计

在综合客运枢纽规划建设过程中，各国也都经历了不同运输方式之间以及多个部门和多方利益之间的博弈问题，但最终可以“坐在一起”商量，其根本原因在于以人为本理念的贯彻和综合客运枢纽建设使命的认同感，使得各部门总能够为了共同目标“坐在一起”有效的协商，积极推进零距离换乘和无缝衔接，并有相应的管理体制做保障。例如，德国为了提高公共交通服务水平和吸引力，使更多私人交通转向公共交通出行，各州根据经济交通联系，在内部形成了几个大区交通运营管理机构，统筹推动区域公共交通的一体化建设、运营和管理。日本客运枢纽由于多种运输方式、多条轨道线路分别属于不同公司，同时还有部分属于政府的站前广场等，同样存在着多个投资、建设、运营主体相互协调的问题，在市场化经营的环境下，各方出于利益最大化的考量，为了共同的目标而进行有效的协商，逐步改进枢纽存在的问题，推进了综合客运枢纽服务水平的提升。

（2）注重综合客运枢纽的基础设施一体化衔接

各国综合客运枢纽的集疏运体系主要都是通过轨道交通来实现的，同时辅以高速公路客运和其他城市交通方式。在德国主要的航空港内均设置了中长途快速铁路客运站和长途公共巴士停靠站，体现了综合客运枢纽提倡的精细化设计与一体化运输理念。选址上，大型综合客运枢纽均与城市交通实现紧密优化衔接，为城市居民出行提供便捷服务，提高换乘效率。日本的综合客运枢纽从细节着手进行设计和运营，真正体现“以人为本”，如增加进出口通道的数量，优化购票和检票流程等。

（3）注重通过综合客运枢纽实现不同运输方式的运营衔接，促进旅客出行链的一体化

各国综合客运枢纽基本采取的是开放式运营，即在同一站台上可以实现多种运输方式的换乘，或者在非付费区内完成多方式的换乘。乘客的自由流动既方便了乘客，又使站台资源得以充分利用，大大节约了建设成本。票务方面也采取灵活多样的售票方式，满足了不同层次的客运出行需求。例如，德国采用了“一种票价、一张统一的运行时刻表、一票到底”的“三个一”管理模式，有效简化了旅客的出行手续，最大限度地减少了旅客的换乘等待时间。日本铁路公交化运营，能力大，即使不提前买票也不至于等待很长时间，且通过上网等方式预约，到达火车站后依靠预约号在自动售票机上直接取票，节省了等待时间。

第3章 中国城市客运发展特点与要求

3.1 旅客运输发展特点

总结中国城际、城市旅客公共交通发展情况，呈现出以下特点：

（1）城际旅客公共运输规模持续扩大

中国大量的城际间旅客运输通过公共交通模式出行，总体规模持续增长，2012 年全社会完成客运量 380.40 亿人次、旅客周转量 33383.30 亿人公里，1990 年至 2010 年年均增长率分别达到了 7.5% 和 8.3%（表 1-3-1、表 1-3-2、图 1-3-1、图 1-3-2）。

客运量发展情况（单位：亿人次） 表 1-3-1

年份		铁路	公路	水运	民航	合计
1990		9.57	64.81	2.72	0.17	77.27
1995		10.27	104.08	2.39	0.51	117.26
2000		10.51	134.74	1.94	0.67	147.86
2005		11.56	169.74	2.02	1.38	184.70
2010		16.76	305.27	2.24	2.68	326.95
2011		18.62	328.62	2.46	2.93	352.63
2012		18.93	355.70	2.58	3.19	380.40
年均增长率	1990—2010	2.8%	8.1%	-1.0%	14.9%	7.5%
	2010—2012	6.3%	7.9%	7.2%	9.2%	7.9%

旅客周转量发展情况（单位：亿人公里） 表 1-3-2

年份	铁路	公路	水运	民航	合计
1990	2612.63	2620.32	164.91	230.48	5628.40
1995	3545.70	4603.10	171.80	681.30	9001.90

续上表

年　份		铁路	公路	水运	民航	合计
2000		4532.59	6657.42	100.54	970.54	12261.10
2005		6061.96	9292.08	67.77	2044.93	17466.74
2010		8762.18	15020.81	72.27	4039.00	27894.26
2011		9612.29	16760.25	74.53	4536.96	30984.03
2012		9812.30	18467.50	77.50	5026.00	33383.30
年均增长率	1990—2010	6.2%	9.1%	-4.0%	15.4%	8.3%
	2010—2012	5.8%	10.9%	3.6%	11.6%	9.4%

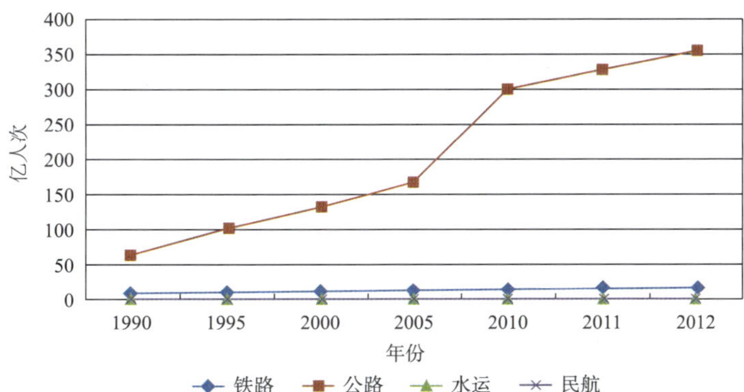

图 1-3-1　中国城际客运量发展情况（1990—2012 年）

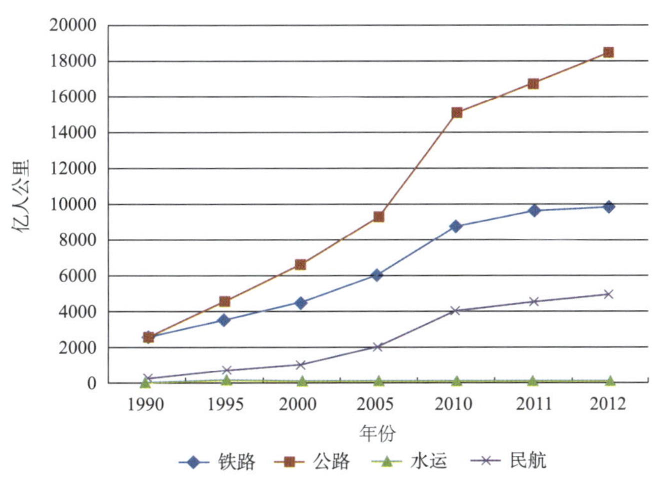

图 1-3-2　中国城际旅客周转量发展情况（1990—2012 年）

（2）运输结构以公路运输为主，民航份额持续增长

从客运量结构来看，公路运输占有绝对优势，公路客运量占总客运量的份额一直在90%左右，2013年达到87.3%；民航客运量份额持续快速增长，占比由1990年的0.2%增长到2013年的1.6%；铁路、水路客运量份额持续萎缩，2012年分别下降到5.0%和0.7%，2013年受公路运输量统计口径调整影响又分别回升到9.9%和1.1%（图1-3-3）。

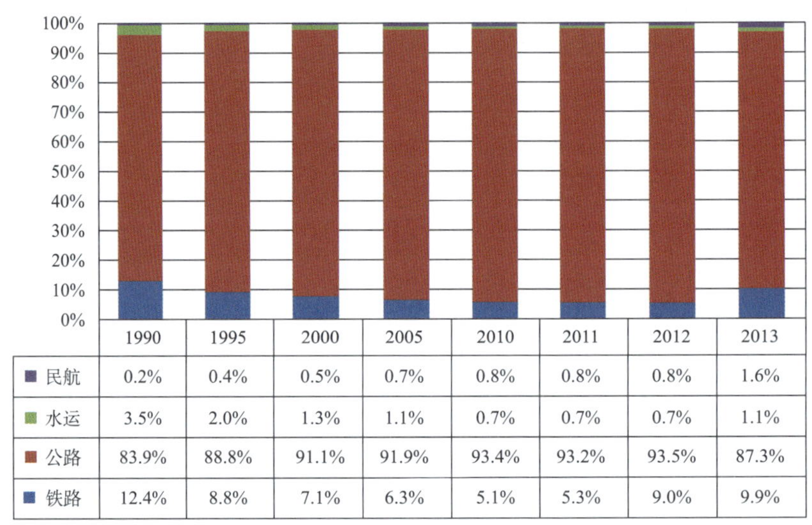

	1990	1995	2000	2005	2010	2011	2012	2013
■ 民航	0.2%	0.4%	0.5%	0.7%	0.8%	0.8%	0.8%	1.6%
■ 水运	3.5%	2.0%	1.3%	1.1%	0.7%	0.7%	0.7%	1.1%
■ 公路	83.9%	88.8%	91.1%	91.9%	93.4%	93.2%	93.5%	87.3%
■ 铁路	12.4%	8.8%	7.1%	6.3%	5.1%	5.3%	9.0%	9.9%

图 1-3-3　中国城际公共运输客运结构发展情况

从旅客周转量结构来看，公路旅客周转量仍然占有最大份额，但由于运距相对较短，旅客周转量占比明显低于客运量占比，2013年达到40.8%；铁路旅客周转量份额仅次于公路，2013年达到38.4%；民航旅客周转量持续快速增长，占比由1990年的4.1%增长到2013年的20.5%；水路旅客周转量份额持续萎缩，2013年已下降到0.2%（图1-3-4）。

（3）中国城市内部客运系统以公共汽电车为主，城市轨道运输量逐年增加

中国城市内部的客运系统（主要为城市公共交通与出租车）运送旅客超过1283亿人次。尤为值得关注的是，截至2014年底，中国已经完成城市轨道交通线路规划的城市达到了50个，其中22个城市的轨道交通投入正式运营，投入运营的城市轨道交通线路总条数为92条，总长度为2816公里。城市轨道交通的快速发展大大提升了城市公共交通系统的服务能力和服务水平，有力提高了公共交通系统的吸引力和竞争力，为引导城市功能布局调整、缓解城市交通拥堵、改善旅客出行条件提供了重要支撑。此

外，中国的出租车运营规模也持续扩大，2014年出租车总客运量为390.0亿人次（未包含近期市场上兴起的，基于互联网平台开展约车服务的各类专车客运量）（图1-3-5）。

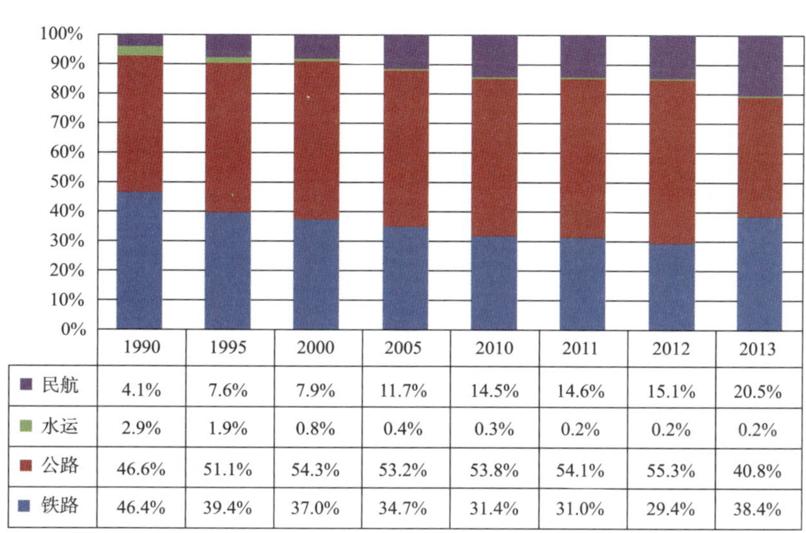

	1990	1995	2000	2005	2010	2011	2012	2013
民航	4.1%	7.6%	7.9%	11.7%	14.5%	14.6%	15.1%	20.5%
水运	2.9%	1.9%	0.8%	0.4%	0.3%	0.2%	0.2%	0.2%
公路	46.6%	51.1%	54.3%	53.2%	53.8%	54.1%	55.3%	40.8%
铁路	46.4%	39.4%	37.0%	34.7%	31.4%	31.0%	29.4%	38.4%

图 1-3-4　中国城际旅客运输周转量结构发展情况

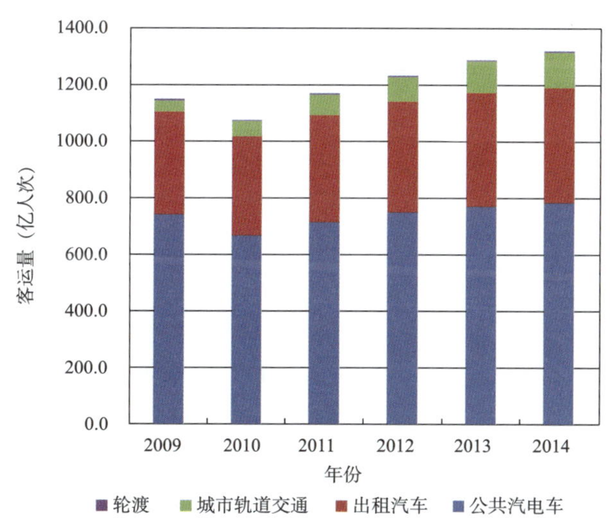

图 1-3-5　2014 年中国城市内部公共交通量各项指标

与伦敦、东京等城市相比，中国城市交通以公共电汽车出行为主，轨道交通所占份额持续增长（图 1-3-6）。

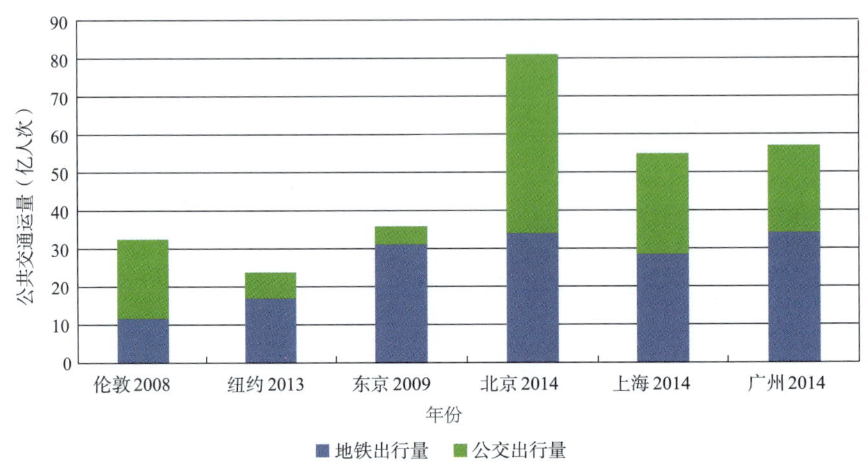

图 1-3-6　中国大城市与国际主要城市公共交通运量对比

与此同时，中国的私人机动车也得到了快速发展，十年来的年平均增长率约为25%。2009 年，中国已经跃居世界第一大汽车产销国，2014 年有 10 个城市的私人机动车保有量已经超过 200 万辆（图 1-3-7）。

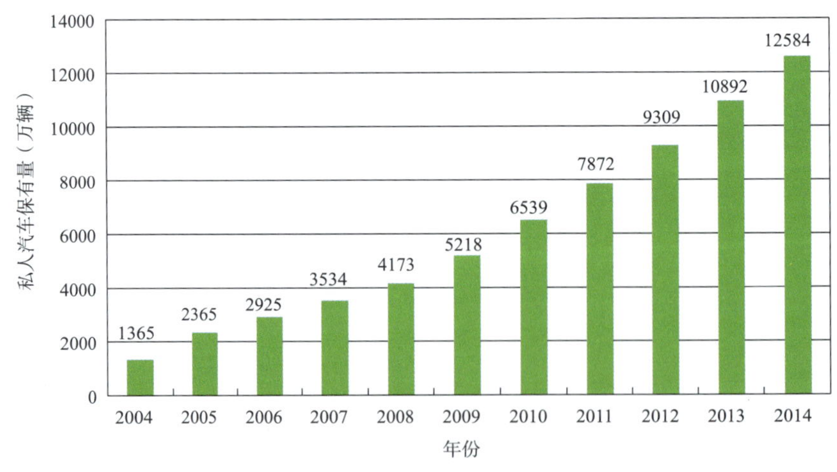

图 1-3-7　中国机动车保有量增长示意图（2004—2014 年）

注：数据来自历年《国民经济和社会发展统计公报》。

3.2 中国城镇化发展趋势

根据 2010 年的统计数据，中国共有城市 658 个。其中主城区人口在 100 万人以上的城市有 66 个，50 万人以上的城市 157 个。

如果按照城市的行政辖区或更广义的都市区计算，100 万人以上人口城市有 100 多个，远超国际上其他国家同等规模城市的总数量。

2014 年，中国政府发布了《国家新型城镇化规划（2014—2020 年）》。根据中国未来城镇化总体目标，要使城镇人口在 2020 年达到 60%，随着 1 亿多人逐步成为城市中的常住人口，预计 50 万人以上城市将会持续增加。根据《国家新型城镇化规划》提出的“镇级市”的新构想，未来将选择镇区人口 10 万人以上的建制镇开展新型设市试点工作，例如位于杭州的瓜沥镇、温州的龙港镇、东莞的虎门镇等。未来几年内，伴随着中国新型城镇化战略的推进，中国新城市的总量还将大大增加，城市形态将会更加丰富多样。

《国家新型城镇化规划（2014—2020 年）》提出优化提升东部地区城市群，培育发展中西部地区城市群。发展京津冀、长江三角洲和珠江三角洲城市群，以建设世界级城市群为目标，发挥其对全国经济社会发展的重要支撑和引领作用。加快培育成渝、中原、长江中游、哈长等城市群，使之成为推动国土空间均衡开发、引领区域经济发展的重要增长极。依托陆桥通道上的城市群和节点城市，构建丝绸之路经济带，推动形成与中亚乃至整个欧亚大陆的区域大合作。

3.3 中国城镇化对枢纽的规划建设要求

高效的综合交通网络是实现新型城镇化的前提。

《国家新型城镇化规划（2014—2020年）》要求建设以铁路、公路客运站和机场等为主的综合客运枢纽，以铁路和公路货运场站、港口和机场等为主的综合货运枢纽，优化布局，提升功能。依托综合交通枢纽，加强铁路、公路、民航、水路与城市轨道交通、地面公共交通等多种交通方式的衔接，完善集疏运系统与配送系统，实现客运“零距离”换乘和货运无缝衔接。

伴随着中国快速的城市化进程，中国已经涌现出一大批人口密集、城镇化程度高的城镇群地区，如珠江三角洲、长江三角洲、京津冀等。按照中国政府的规划，未来将在全国范围内形成21个重点的城镇化地区。

城镇化地区的交通特征明显不同于单一城市间运输，主要表现为以下几个特点：①高强度：在主要城镇化地区的交通走廊上，旅客运输需求总量很大、强度很高，要求提供大运量、高密度、安全可靠的服务；②多样化：城镇化地区的客运需求多样，工作日期间公务、商务、通勤客流多，休息及节假日期间旅游、休闲客流多，要求同时提供点对点的快速直达服务，和广覆盖的站站停靠服务；③时效性：城镇化地区旅客出行以中短距离为主，时效性要求高，需要更加高效、便捷的换乘设施，要求优化客运枢纽的布局、功能和运输组织，最大限度减少旅客换乘次数与距离。城镇化密集带地区交通特征对综合客运枢纽提出了新的要求。

近30年来中国交通基础设施网络的快速发展，尤其是中国高速铁路网络的建设，将会在未来10年期间改变中国的空间经济格局，大大缩小城市间的时空距离，扩大通勤交往空间，加快产业要素、人员要素、资源要素的流动和优化，北京至上海高速铁路开通以来客运量增长情况如图1-3-8在东部地区推动中小城镇与大城市一体化建设，形成沿高铁线的城市群带；在中西部地区将加速一般中小城市向快速铁路沿线的节点城市集合，形成中西部地区中心城市。“高铁时代”的到来对中国城镇化的发展格局、城际间运输结构及运行模式的调整将会是一场革命，在客运枢纽体系的规划在换乘导向的功能布局思路、层次化的空间组织特征、交通衔接换乘的无缝化、枢纽服务功能的多元化等方面，对客运枢纽的功能建设提出了新要求。

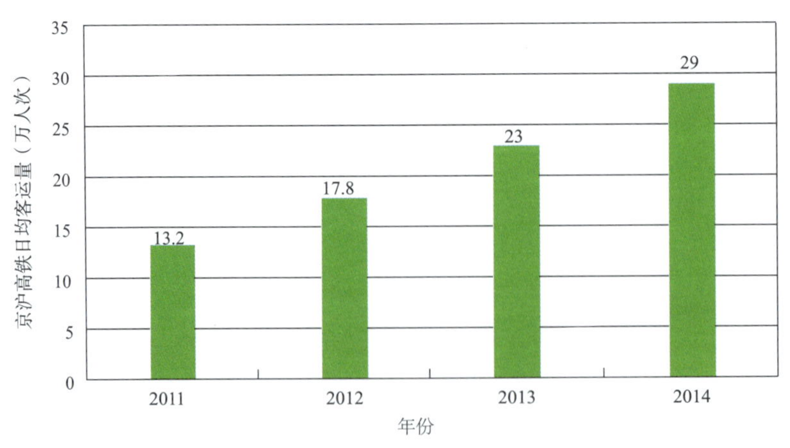

图 1-3-8　北京至上海高铁开通以来客运量增长示意图

第4章 推进中国客运枢纽建设发展的着力点

我国各省市经济条件、交通条件各不相同，客运枢纽建设与国外其他发达国家比，面临许多复杂问题，需要试点探索、循序渐进、逐一解决。从一体化视角考虑，当前推进我国客运枢纽建设亟待完善以下几个环节：

（1）理顺客运枢纽规划建设管理机制

2013年大部制改革后，交通运输部已成为公路、水路、铁路、民航等多个行业的主管部门，为城市客运枢纽的规划建设创造了较好的体制环境。交通运输部在统筹规划各种运输方式线网建设的同时，有必要更加关注与高铁衔接、与民航机场衔接的客运枢纽，利用高铁线路规划建设、民航机场新建或改扩建的契机，促进各种运输方式场站管理部门、投资主体、运营主体的协调，促进客运枢纽一体化衔接，提高服务水平，便捷旅客换乘，加快构建综合交通运输体系。因此，交通运输部在推进客运枢纽建设过程中，应优先解决规划建设的管理机制问题，通过对现有实践的及时总结，发现问题，提出一套可操作的城市客运枢纽规划、设计、建设、管理各阶段的协调机制，以保证综合客运枢纽规划建设的实施效果。

（2）加强城市客运枢纽布局规划指导

客运枢纽作为城市基础设施的组成部分，对城市的整体发展、城市运行秩序以及提升公共客运服务的便利性等均具有直接、重大影响。发挥地方政府在城市客运枢纽建设的主体作用，可以发挥政府在城市客运枢纽规划建设中与发改、国土、规划、交通等多个部门的协调作用。城市政府作为综合枢纽的主导者，可以统筹考虑城市发展的需要，在保证交通服务功能符合城市发展要求的前提下，合理有效利用土地资源、保障枢纽用地，并积极主动统筹解决城市内综合客运枢纽空间布局、服务功能、设施规模、开发模式、集疏运交通等问题；及时将发现的问题反馈给城市总规等上位规划进行调整；可以妥善处理对外交通与城市交通的关系，通过统筹考虑客运枢纽的功能配置和交通衔接，提升整个城市客运服务系统的运行效率和服务水平，加快形成科学的行之有效的规划管理协调机制和工作推进流程。

（3）完善单体综合客运枢纽项目建设标准

目前中国各单一运输方式站场的建设规模与标准相对较为齐备，但将多种运输方式汇集为综合客运枢纽，尤其是综合客运枢纽具体建设项目内的各方式间公共空间区域、公共服务区域，缺乏国家、行业的统一技术标准。随着国家快速铁路建设成网，国家经济总体实力不断加强，中国的城镇化进程不断加快，综合客运枢纽建设任务越加繁重。客观上要求尽快建立综合客运枢纽场站建设的标准规范，尤其是在综合客运枢纽建设内容、设施配置、换乘效果等方面提出规范要求，弥补标准的缺失，以指导各地综合客运枢纽建设。

（4）探索枢纽投融资及设计管理、开发管理等模式

随着中国经济体制改革逐步深化，市场在资源配置中的作用越来越重要。客运枢纽作为交通基础设施，属于民生的公共服务事业，也具有一定的自然垄断性。目前枢纽中各运输场站投资主体、运营主体容易从自身经济利益出发，关注本场站运营效果，而忽略综合客运枢纽综合服务合力的效果，这不仅影响运输市场的公平竞争，也会降低枢纽的使用效率，不能为社会大众提供更好的运输服务。因此我国客运枢纽应在充分发挥市场作用的同时，探索政府与市场在枢纽建设开发、运营管理及投融资方面的措施和方式，使得枢纽内不同场站之间通过合适的管理模式及投融资方案，建立相应的机制和明确的制度，推进枢纽的一体化建设运营，保障旅客在使用枢纽时享受舒适性和公平性的服务。

第二篇

城市客运枢纽布局规划导则

城市客运枢纽布局规划是指导客运枢纽站场建设的重要依据，对于促进城市功能和客运服务功能融合与完善具有重要意义。城市客运枢纽布局规划的主要任务是确定一个城市或城市群内不同类型客运枢纽站场的发展目标、总体规模、空间布局、功能定位、衔接方式与建设要求，并提出实施方案和保障措施等。

第 1 章

客运枢纽的类型

为便于指导客运枢纽布局规划，结合中国当前交通运输管理体制特点，城市客运枢纽细分为对外客运枢纽及城市换乘枢纽两大类，并可依据交通方式构成、交通换乘功能的不同细分为五种形态，归纳为“两类五型”，见表 2-1-1。

中国城市客运枢纽分类　　表 2-1-1

类型		典型案例	交通方式构成	交通换乘功能				
				省际客流中转	市际与城市间客流转换	城市与城乡间客流转换	城市内部多方式间客流转换	城市内部多线路间客流转换
对外客运枢纽	A 类	武汉天河机场交通中心 高铁广州南站综合客运枢纽	两种及以上对外运输方式与城市交通相衔接的枢纽站场	●	●	●	◎	◎
	B 类	北京四惠枢纽 南京马群枢纽 深圳福田枢纽	一种对外运输方式与两种以上城市公共交通方式相衔接的枢纽站场（一般包含城市轨道）	◎	●	●	●	◎
	C 类	北京木樨园客运枢纽站 成都金沙枢纽	一种对外运输方式与一种城市公共交通及其他交通方式相衔接的枢纽站场	◎	●	●	◎	◎
城市换乘枢纽	D 类	上海人民广场枢纽站；北京望京西枢纽站	城市轨道交通与其他公共交通相衔接的枢纽站场	○	○	◎	●	●
	E 类	普通公交枢纽站	多条城市道路公共交通线路之间及与其他交通方式相衔接的枢纽站场	○	○	◎	○	●

注：●一定具备的功能；◎一般情况下具备的功能；○不具备该功能。

表格中所提对外运输方式一般指航空、铁路、公路、水运四种城际客运方式。城市公共交通方式包括四种：城市轨道、道路公共交通、水上公共交通、其他（索道、大扶梯等）；有关中国城际客运方式与城市内部交通方式的介绍参见表 1-1-1、表 1-1-2。

各类客运枢纽所承担的交通功能层次有所不同，共同构建形成了城市客运枢纽体系，服务于区域综合运输网络和城市综合交通的高效运行，见图 2-1-1。

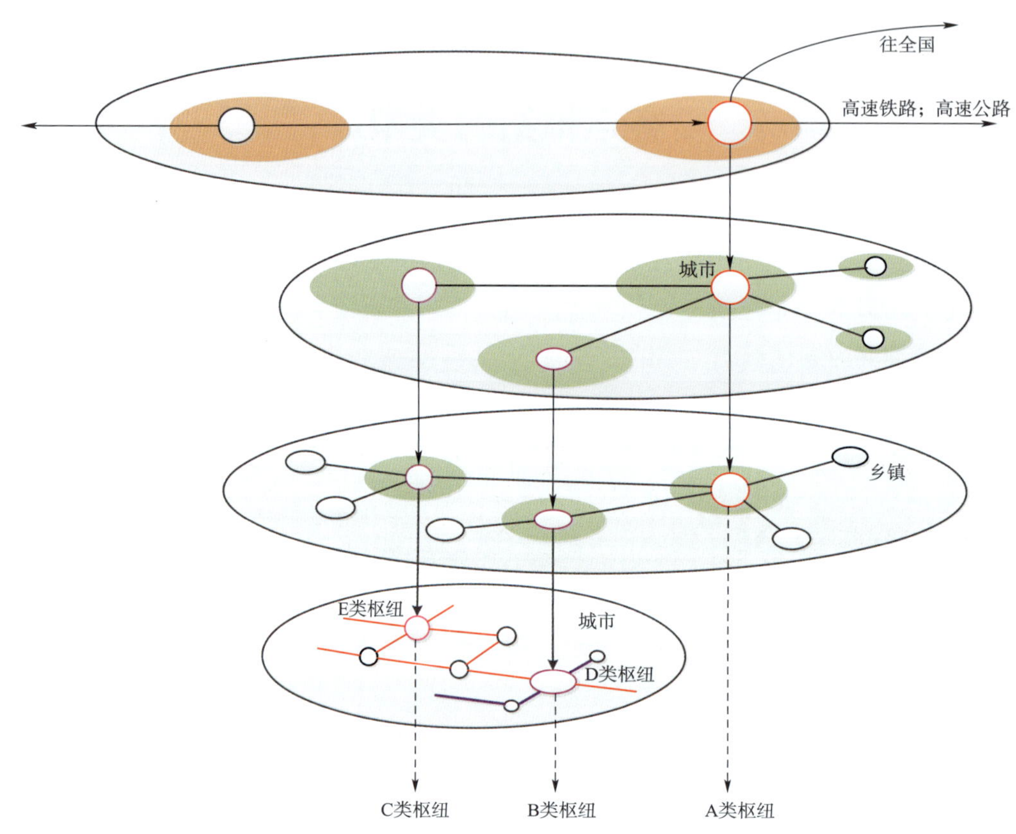

图 2-1-1　城市客运枢纽系统运输组织示意图

第 2 章 规划理念与目标

2.1 规划的基本理念

①遵循分类指导的基本思路。按照不同城市的人口规模、国土规模、不同运输方式的分布及容量、不同城市所处的发展阶段等因素，综合考虑枢纽的布局规划和建设需求。

②始终强调一体化运输服务。客运枢纽的表现形态不一定为高度集中的一体化基础设施，但必须通过统一规划的集疏运系统、信息系统，采取合理的运输组织方式，使得城市内外各种交通方式能够实现信息共享、便捷换乘、一体出行。

③核心关注与城市相互关系。将枢纽布局规划作为城市总体规划和城市综合交通规划的重要组成部分，从规划层面力促交通与城市功能的融合，发挥客运枢纽对城市交通网络的锚固作用，实现对城市功能空间的拓展引导作用。

④重点解决交通换乘问题。客运枢纽规划并非单纯符合某一交通方式的运输组织需求，其规划重点应当放在解决不同交通方式间的换乘。应基于对城市交通资源的合理配置，以功能为导向，采取分散、集中多模式组合的方式，提供灵活的解决方案，根据旅客出行和换乘需求，合理确定总体规模和项目建设规模。

2.2 规划的总体目标

城市客运枢纽规划的总体目标主要从完善城市规划与功能建设、提高交通网络运行效率、改善旅客公共服务体验三方面考虑，具体可表述为：

①空间布局合理，支撑所在城市（城市群）发展。客运枢纽体系应与城镇体系构建、城市功能空间结构和发展要求相适应，有利于服务和支撑城市功能的优化、拓展。

②交通衔接顺畅，服务于区域综合运输体系构建。客运枢纽应以换乘为导向，构建由不同层次、功能组成的客运枢纽体系，各客运枢纽的功能相互协调、合作，枢纽之间及与对外交通和城市交通的联系通道顺畅，有助于提高综合运输网络的一体化运行程度和效率。

③服务功能完备，促进交通与城市功能的紧密融合。客运枢纽在保障基本的交通换乘服务功能前提下，应统筹考虑支撑城市生活服务功能、周边用地综合开发功能建设。

在具体的客运枢纽布局规划中，可以根据目标城市（城市群）所处区位、经济发展阶段、城市规模和等级等因素，将以上总体规划目标分别从空间布局合理程度、交通衔接顺畅程度、服务功能完备程度等几个角度展开，对目标进行分解，并给出可衡量的具体指标，以有助于下一步的实施和效果评估。

根据实践总结，提出如表 2-2-1 所示，指标供参考。

城市客运枢纽布局规划目标考核框架与技术指南　　表 2-2-1

考核目标	目标分解	具体衡量指标与技术建议
空间布局合理程度	层次类型与城镇体系的匹配性	枢纽的功能层次与城市的等级要契合，等级越高城市，考虑枢纽功能层次越高； 枢纽类型设置要考虑城市未来交通方式的构成，对外客运枢纽优先考虑选择城市轨道交通或 BRT 衔接； 枢纽数量要考虑城市人口总量与城市空间形态；当城市人口总量大于 50 万人或城市半径大于 5 公里时，可以考虑分散布置枢纽
	空间布局与城市规划的协调性	选址反映未来人口分布，实现对规划人口的良好覆盖； 选址反映城市空间形态，尽量位于城市发展轴上； 选址注意预留空间拓展用地，满足未来扩大枢纽规模的要求
	功能定位与城市功能结构的一致性	10 万人以上的城市必须具备独立的客运枢纽； 20 万人以上的城市组团可以考虑配置独立的枢纽站场
	与城市交通需求规模的适应性	枢纽总体设计能力应适应目标年城市居民总体出行需求规模与结构； 枢纽空间分布应当与城市居民换乘需求空间分布格局吻合
交通衔接顺畅程度	与区域运输网络衔接的高效性	对外客运枢纽应当可以快速接入各类对外运输方式网络，原则上步行衔接时间不超过 10 分钟； 公路为主导的客运枢纽布局距离最近高速公路入口的距离不得大于 5 公里
	提高枢纽交通的可达性	客运枢纽应与各类城市公共交通方式紧密衔接，保障枢纽的高可达性，原则上在城市内通过公共交通到达枢纽的时间宜控制在 30 分钟内，最长应控制在 1 小时内； 根据不同城市的空间形态与交通资源（看是否存在轨道交通等），科学设定枢纽服务范围内旅客到达枢纽的最长时间。 通过设置专用程度较高的集疏运通道，如公交专用道、公路大巴专用匝道等，保障枢纽集疏运交通效率

续上表

考核目标	目标分解	具体衡量指标与技术建议
交通衔接顺畅程度	枢纽间交通衔接的可靠性	不同客运枢纽站之间应通过专用交通方式予以衔接，如专用快轨、轨道交通、快速公交、直达班车等，具体方式选择见表 2-6-5； 枢纽间的衔接方式不宜采用站站停的常规地面公交
	降低对城市交通运行的干扰性	枢纽站场在出入口选择上，应距离城市交叉口最低不宜少于 50 米，不宜紧邻城市主干路，要通过支路衔接或留出缓冲距离； 对位于不同地区的枢纽周边的道路网密度提出要求，如位于城市中心区的道路网密度要高于城市郊区、新区的路网密度
服务功能完备程度	枢纽换乘组织的顺畅性	通过优化空间布局与功能组织，减少旅客换乘时间的总出行时间占比
	城市公共服务功能的完备性	城市节点的地标性突出，体现当地文化特点，为城市居民提供适当的休憩场所
	经济生活功能	枢纽与周边用地一体化综合开发，经济带动功能显著； 枢纽商业业态分布符合城市性质与枢纽特点，满足旅客需求

2

第3章 规划范围与主要内容

本章依据对中国城市客运枢纽布局规划实践经验的总结，提出城市客运枢纽布局规划的范围、主要内容、工作流程与成果形式，供行业管理部门与技术咨询单位参考。部分省区市城市客运枢纽规划范围、枢纽类型与总体规模参见表 2-3-2、表 2-3-3。

2

3.1 规划范围

城市客运枢纽布局规划的研究范围往往包括了省域范围、大经济区范围、城市群范围或者某一个城市内，针对不同的研究范围，规划的目的、内容和深度也相应有所不同。

大经济区和省域范围内的客运枢纽布局规划，重点是明确规划范围内的城市节点的功能、层次，以及各城市内部主要对外客运枢纽的总体数量、投资规模，即表 2-1-1 中的 A 类、B 类、C 类客运枢纽。

城市或城市群范围内的客运枢纽布局规划，重点关注的是不同功能类型的客运枢纽场站设施，主要规划内容需要确定具体枢纽站场的空间选址、设计能力、用地规模、交通衔接等。

两类不同范围的客运枢纽布局规划，其内容与成果深度可参考表 2-3-1 执行。

城市客运枢纽布局规划范围与内容要求　　表 2-3-1

规划范围	规 划 内 容
跨省经济区域 或省级行政区 或县级行政区	一是以城市或城市片区作为研究单位，将单个的城市或县区作为单元，分析各城市节点的层次、功能，构建客运组织体系； 二是确定范围内各类对外客运枢纽（即 A、B、C 三类枢纽）的总体数量、占地规模、功能定位与实施序列
城市群或城市	一是分析全市客运枢纽体系的类型、层次、功能构成； 二是预测城市（群）内的客流需求总量、出行层次和方式结构，提出城市客运枢纽总体服务能力； 三是确定各类客运枢纽的空间选址、数量等级、用地规模、交通衔接方式、实施序列、投资建设模式等

省级区域或城市群层面的客运枢纽布局规划

表 2-3-2

区域	规划研究范围	经济规模		人口规模		客运规模		枢纽分类分级	布局规模
		现状	预测	现状	预测	现状	预测		
江苏	江苏省内所有民航机场、二等以上铁路客运站、二级以上公路汽车客运站	人均生产总值约 5.3 万元		7700 万人		2010 年总客运量 22.6727 亿人次，其中公路 21.585 亿人次，铁路 0.97 亿人次，民航 0.048 亿人次，水运 0.059 亿人次	2020 年总客运量 52 亿人次，其中公路 43 亿人次，铁路 7.8 亿人次，民航 1.04 亿人次	国际客运枢纽	3
								国内长途客运枢纽	21
								中短途城际客运枢纽	30
河南	两种对外交通方式与城市交通衔接的综合客运枢纽	人均生产总值约 28661 元	2020 年生产总值为 55583 亿元，2030 年生产总值为 91579 亿元	常住人口 10489 万人	2020 年 10780 万人，2030 年 11075 万人	2011 年总客运量 19.39 亿人次，其中公路 18.42 亿人次，铁路 0.9 亿人次，水运 0.268 亿人次，民航 0.434 亿人次	2020 年总客运量 27 亿人次，其中公路 59.36 亿人次，铁路 5.42 亿人次，水运 0.26 亿人次，民航 1.789 亿人次	A 类综合客运枢纽	16
								B 类综合客运枢纽	19
								C 类综合客运枢纽	14
广东	实体综合客运枢纽站场，直接研究地域范围为广东省域	人均生产总值约 50807 元	2020 年生产总值为 13.7 亿元	常住人口 10505 万人，其中珠三角 5646.51 万人	2020 年 12400 万人	2011 年总客运量 52.2 亿人次，其中公路 49.36 亿人次，铁路 1.79 亿人次，水运 0.26 亿人次，民航 0.798 亿人次	2020 年总客运量 66.8 亿人次，其中公路 59 亿人次，铁路 5.4 亿人次，水运 0.26 亿人次，民航 1.8 亿人次	一类综合客运枢纽	9
								二类综合客运枢纽	35
								三类综合客运枢纽	49
深莞惠	经济圈对外以及经济圈内部城际间以客流转换功能为主的区域性综合客运枢纽站场	人均生产总值约 86453 元		常住人口 2351 万人		2012 年达到 28.1 亿人次	2020 年达到 40 亿人次，2030 年达到 54 亿人次	一类综合客运枢纽	13
								二类综合客运枢纽	10

城市层面的客运枢纽规划

表 2-3-3

城市	规划研究范围	经济规模		人口规模		客运规模		当地规划的枢纽类型与功能	布局规模
		现状	预测	现状	预测	现状	预测		
重庆	两种及以上对外运输方式，以一种对外运输方式与轨道交通枢纽衔接的综合性枢纽	生产总值总量约 11459 亿元	2020 年 32100 亿元，2030 年 43000 亿元	常住总人口约 3000 万人	2020 年 3550 万人，2030 年 3800 万人	客运总量 141204 万人次	2020 年 27.5 亿人次，2030 年 34 亿人次	区域性综合客运枢纽	9
								地区性综合客运枢纽	23
								城市综合换乘枢纽	8
武汉	武汉市域内各类客运枢纽站场	人均生产总值约 10000 美元	2020 年 20000 亿元，2030 年 30000 亿元	常住人口 1002 万人	2020 年 1175.54 万人，2030 年 1405.12 万人		2020 年 34742 万人次，2030 年 56442 万人次	一类枢纽，发挥国家级综合交通中转功能	7
								二类枢纽，服务城市群区域交流	9
								三类枢纽，满足市内运输需求	37
大连	大连市域内具有对外交通服务功能的枢纽站场	人均生产总值约 16000 美元	2020 年 17788 亿元，2030 年 39232 亿元	685 万人	2020 年 850 万人	2012 年客运枢纽旅客吞吐量 9472 万人次	2020 年客运枢纽旅客吞吐量 2.42 亿人次	一级客运枢纽：全国性	2
								二级客运枢纽：区域性	3
								三级客运枢纽：城际性	7
								四级客运枢纽：辅助性	6

3.2 主要内容

城市客运枢纽布局规划需要解决的主要问题重点包括：①规划范围内客运枢纽总体发展策略；②客运枢纽系统构建；③客运枢纽设施的空间布局与交通衔接规划。

3.2.1 发展策略

核心问题是解决客运枢纽与城市发展的关系。

主要技术内容是：以交通支撑城市建设和引导城市发展为出发点，按照运输服务与人口、产业布局协调发展的要求，从城市空间结构、功能布局的角度分析枢纽与城市的关系，结合规划目标提出枢纽与城市协同发展策略。

工作成果形式上，一般要求给出城市的发展定位、城市客运枢纽区域范围内规划年的总体发展目标和客运换乘的量化指标，围绕规划目标提出发展的路径与方式。

3.2.2 体系构建

核心问题是解决城市客运枢纽系统的层次划分与功能定位问题。

主要技术内容是：从城市布局和交通功能的角度，划分城市客运枢纽的功能层级和服务要求，构建层次清晰、功能明确的城市客运枢纽体系。

工作成果形式上，一般要求给出城市客运枢纽的等级层次划分标准，明确各类型等级的城市客运枢纽的服务范围、集散能力、交通配套以及承担功能等要求。

3.2.3 设施布局

核心问题是解决总体数量与规模、场站选址、交通衔接等问题。

主要技术内容是：反映城市客运枢纽发展战略和体系构建要求，落实各类城市客运枢纽在区域内的分布，以及单一综合客运枢纽的用地规模、空间选址、交通衔接等。具体的要求如下。

①用地规模：在对外客运量及不同方式换乘客流量预测基础上，测算枢纽用地需求规模并控制总体数量，要求按规划片区给出各类型级别枢纽的控制性数量及总体用地规模。

②空间选址：研究城市客运枢纽布局选址的影响因素，如地区发展的定位、主体

场站选址、建设实施的制约条件（用地限制、轨道线位接入条件较差等），要求确定规划范围内各枢纽的选址方案。一般情况下，还应对枢纽核心区的铁路客运站、汽车客运站、公交场站、出租车停靠站、公共停车等交通设施进行统筹安排。

③交通衔接：从枢纽周边用地开发和枢纽集散客流需求的角度出发，研究枢纽配套交通衔接设施的衔接方式，明确枢纽的集疏运方式及集散功能，分析集疏运系统供给容量及组织策略，要求针对枢纽空间选址给出具体的集疏运交通组织方案。

3.3 工作思路与流程

城市客运枢纽布局规划工作各阶段的主要任务与技术内容要求参见表 2-3-4；基本思路流程参见图 2-3-1；布局规划工作内容的说明案例，参见苏州市城市客运枢纽布局规划案例。

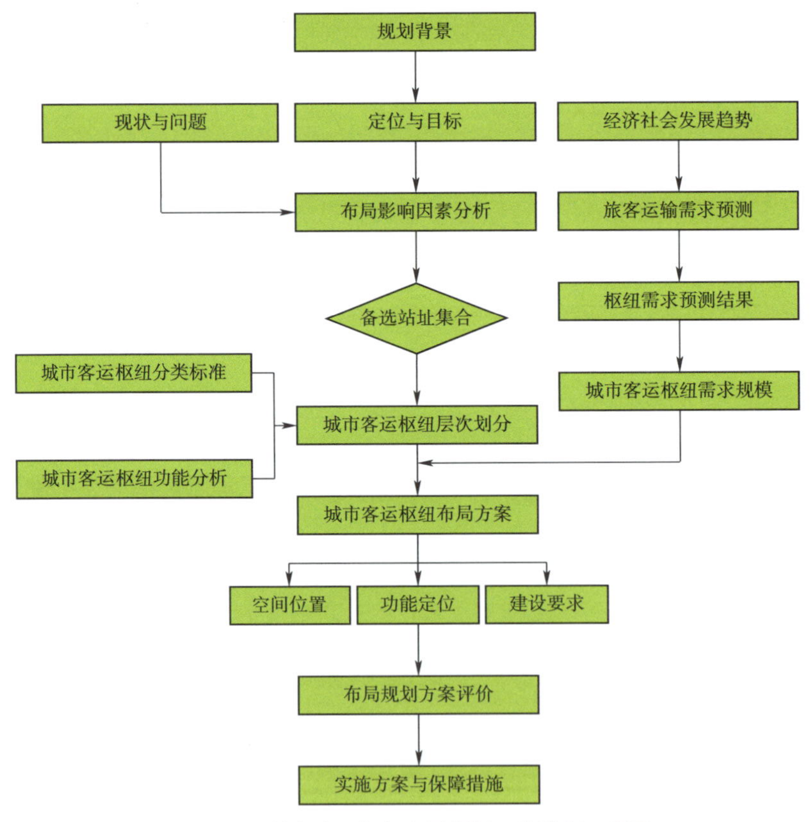

图 2-3-1　城市客运枢纽布局规划工作流程示意图

需强调的是，在对备选站址进行分析评估过程中，应切实关注各方案在交通方面的影响评价，宜采用量化方式，对站址的通达性进行分析比较。

城市客运枢纽布局规划的主要任务与技术内容要求　　表 2-3-4

发展策略	核心任务	解决客运枢纽与城市发展的匹配关系	
	技术内容	以交通支撑城市建设和引导城市发展为出发点，按照运输服务与人口、产业布局协调发展的要求，从城市空间结构、功能布局的角度分析枢纽与城市的关系，结合规划目标提出枢纽与城市协同发展策略	
	成果形式	给出城市的发展定位、城市客运枢纽总体目标及相应的量化指标，围绕规划目标提出发展的路径与方式	
体系构建	核心任务	解决城市客运枢纽系统的层次划分与功能定位问题	
	技术内容	从城市布局和交通功能的角度，划分城市客运枢纽的功能层级和服务要求，构建层次清晰、功能明确的城市客运枢纽体系	
	成果形式	要求给出城市客运枢纽的等级层次划分标准，明确各类型等级的城市客运枢纽的服务范围、集散能力、交通配套以及承担功能等要求	
设施布局	核心任务	解决总体数量与规模、场站选址、交通衔接等问题	
	技术内容	用地规模	在对外客运量及不同方式换乘客流量预测基础上，测算枢纽用地需求规模并控制总体数量，要求按规划片区给出各类型级别枢纽的控制性数量及总体用地规模
		空间选址	研究城市客运枢纽布局选址的影响因素，如地区发展的定位、主体场站选址、建设实施的制约条件（用地限制、轨道线位接入条件较差等），要求确定规划范围内各枢纽的选址方案。一般情况下，还应对枢纽核心区的铁路客运站、汽车客运站、公交场站、出租车停靠站、公共停车等交通设施进行统筹安排
		交通衔接	从枢纽周边用地开发和枢纽集散客流需求的角度出发，研究枢纽配套交通衔接设施的衔接方式，明确枢纽的集疏运方式及集散功能，分析集疏运系统供给容量及组织策略，要求针对枢纽空间选址给出具体的集疏运交通组织方案
	成果形式	反映城市客运枢纽发展战略和体系构建要求，落实各类城市客运枢纽的用地规模、空间选址、交通衔接等	

专栏 《苏州市客运枢纽规划》的思路过程与成果形式

1.发展策略研究

苏州客运枢纽布局规划发展策略归纳为4点：均衡——中心市区与下辖县市均衡发展对外交通；整合——交通枢纽整合多种交通方式、优化枢纽功能、实现城市功能和交通功能整合；多元——结合城市和枢纽自身特点，多元化发展对外交通枢纽，体现为布局模式、枢纽形式、枢纽功能、经营方式、投资和管理模式的多元化。协调——各种交通运输方式统筹兼顾公平发展、对内对外交通协调发展。

2.枢纽体系研究

苏州综合客运枢纽体系建设以“对外辐射范围、对内服务范围、枢纽规模、城市功能”为因素对枢纽层次进行划分。通过层次组合，筛选出3种方案。

类　别	服务范围	集 散 量	交通配套	功　能	备　注
一级对外交通综合客运枢纽	对外辐射范围为全国，对内服务于苏州市域的旅客集散	内外交通转换的重要节点，集散量很大，5万人次/日以上	长途公交、城市轨道交通、城市公交、公共停车等设施	对外交通体系的中心枢纽，并承担引导城市发展的功能	主要包括高铁车站和重要的普铁车站
二级对外交通综合客运枢纽	对外辐射范围为长三角区域，对内服务于市区或县市的旅客集散	内外交通转换的次要节点，集散量较大，2万~5万人次/日左右	城市轨道交通、城市公交、公共停车等设施	具有对外交通和上级枢纽的集散任务，部分枢纽具有引导城市发展的功能	主要包括城际换乘车站、服务市区或重要功能区的城际车站、重要的公路客运站
三级对外交通综合客运枢纽	对外辐射范围为长三角区域，对内服务于市区组团或片区的旅客集散	内外交通转换的普通节点，集散量相对较小，2万人次/日及以下	城市公交、公共停车等设施	主要承担上级枢纽的集散任务，极小枢纽拥有对外交通功能，引导城市发展的功能较弱	主要为普通的城际车站以及普速铁路车站、辅助公路客运站

3.设施空间选址布局研究

设施布局以铁路站在市中心形成中心枢纽，在城市出入口按方向布设辅助枢纽，中心城区范围内共规划对外交通枢纽12个。其中一级对外客运枢纽2个，二级对外客运枢纽6个，三级对外客运枢纽4个。

3.4 成果框架

客运枢纽布局规划的成果，从框架结构上看主要应包括以下内容：规划背景、现状与问题、趋势与要求、定位与目标、布局规划、实施方案、保障措施几个部分，如表 2-3-5 所示。

城市客运枢纽布局规划成果主要框架结构　　表 2-3-5

内容框架	具体内容要求
规划背景	项目背景、规划必要性、规划依据、规划范围、规模对象、规划年限等
现状与问题	城市区位、经济社会与交通发展水平特征、区域客运系统情况、客运站场存在问题等
趋势与要求	区域经济社会发展趋势、客运发展趋势、客运需求预测
定位与目标	包括指导思想、功能定位、发展目标（分为总体目标与阶段目标）、发展策略等
布局规划	包括规划思路、规划原则、影响因素分析、布局模式研究、布局方案、方案评价等
实施方案	实施序列、建设重点、近期建设项目
保障措施	措施及政策建议

第4章 需求预测技术指南

在城市群区域或城市内进行客运枢纽布局，首先需要把握区域对外客运出行总量以及旅客换乘需求的分布，这是判断城市客运枢纽需求规模及空间分布的重要支撑。

4.1 出行总量预测

城市客运出行需求总量的大小决定了一个城市内客运枢纽的总体规模，城市客运出行需求量预测的结果主要体现为城市内经客运枢纽站场发送的旅客总量，其中包括了公、铁、水、航、城市公共交通等各种运输方式的客运量。

根据规划城市历年社会客运量发展趋势，及其与社会经济发展的相关性进行分析研究，从中把握市域客运及其与社会经济活动之间的发展规律，建立数据模型。结合相关规划对未来社会经济发展趋势的判断，预测得到未来的客运总量。

技术要点：

①预测方法。城市客运出行需求总量的预测可采用人均出行率法，即规划范围内的出行总量等于地区人口总量与该地区居民的人均出行率指标的乘积。

②参数取值。人均出行率指标与以下各类因素密切相关，在具体预测过程中应进行综合研判，选择合适的参考数值。

——与城市人口特征的关系：需考虑市区、郊区居民比例，人口增长速率；

——经济及交通系统发展水平：一般经济及交通系统发展水平越高，交通活动越密切，人均出行次数越高；

——出行距离长短：城镇化发展水平较高的地区，城际交通往来密切，城际通勤交通占比较大。

人均出行率指标可通过历史数据分析，或进行居民出行调查获取。需注意的是，综合客运枢纽关系到城际间及城乡间的出行，在人均出行率的选择上，不能采用城市内部出行率，需结合对外出行率综合判定。判别过程中可参考日本京阪神都市圈各圈层地区在不同时期的旅客出行特征（表 2-4-1）。

日本京阪神都市圈各圈层内外出行比例参数　表 2-4-1

圈层地区	旅客出行特征		1990 年	2000 年	2010 年
京阪神都市圈	出行数	内部出行	4240	4280	3890
		对外出行	30	50	30
		合计	4270	4330	3920
	对外比率		0.7%	1.2%	0.8%
大阪府	出行数	内部出行	2120	2010	1780
		对外出行	130	140	140
		合计	2250	2150	1910
	对外比率		5.8%	6.5%	7.3%
大阪市	出行数	内部出行	680	610	500
		对外出行	230	220	190
		合计	910	830	690
	对外比率		25.3%	26.5%	27.5%

4.2 出行分布预测

对于城市客运需求总量的空间分布可通过数学模型进行定量分析，同时应考虑城市（或城市群）形态、性质、人口结构等多重因素的影响，进行相应修正。如图 2-4-1 所示。

①预测模型。出行分布预测方法一般采用重力模型法，即在规划年产生吸引量预测结果的基础上，应用重力模型即得未来年的出行分布。出行分布预测的结果一般为各小区间的出行 OD 矩阵表，或用期望线的形式直观表示。在规划区域总体出行分布的基础上，可针对规划范围内某个规划小区进行出行分布特征分析，其中出行距离、主要客流方向等参数将作为出行方式划分预测以及枢纽场站空间选址布局的重要参考。

②参数标定。在客运需求总量预测的基础上，通过建立各小区之间阻抗矩阵，利

用历史年份的出行分布数据，标定重力模型参数；利用干线公路断面流量数据以及铁路客流密度数据对矩阵进行校核。

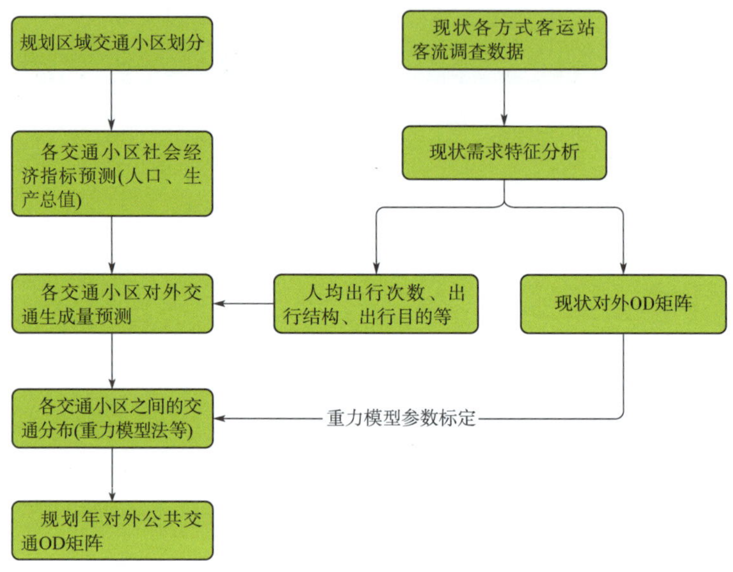

图 2-4-1　城市对外客运总量及空间分布分析思路图

4.3 交通方式选择

①理论预测方法：通过建立 Logit 模型，结合对外出行方式选择问卷调查获取基础数据，建立城市居民对外出行意向调查数据库并标定效用函数相关参数，以此对城市未来客运分担比例进行估计。

②经验预测方法: 基于大范围的交通调查数据，按出行方式选择的关键影响因素(例如出行距离)建立方式划分的参考比例数据表，作为实践应用中的参考。在实践应用中，可根据之前出行分布的预测结果，按照出行距离的大小在参考数据表中查询相应的出行方式分担客流比例。图 2-4-2 为日本实际规划中按照旅客出行距离对交通方式进行选择的总结。

下面以苏州市中心城区为例，进行预测。结果可见，规划年度苏州市中心城区的对外出行中，中距离(长三角区域，100~300 公里)的出行占 62%；短距离(苏锡常地区，100 公里以内)的出行约占 18%；长距离(长三角以外区域，300 公里以上)的出行约占 20%。

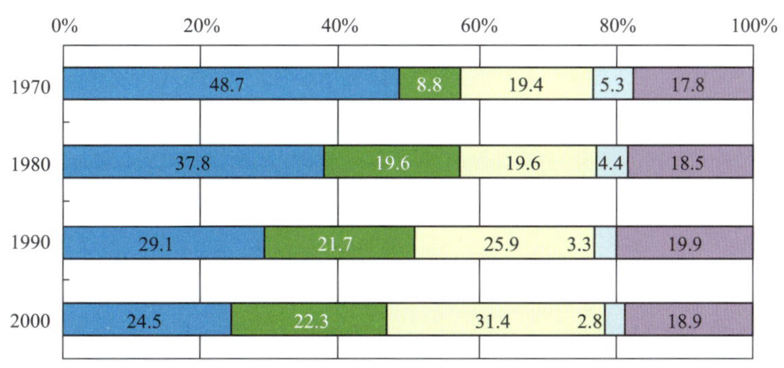

图 2-4-2　日本旅客按距离进行交通方式划分的参考图

专栏　苏州市城市客运出行换乘需求预测流程与结果

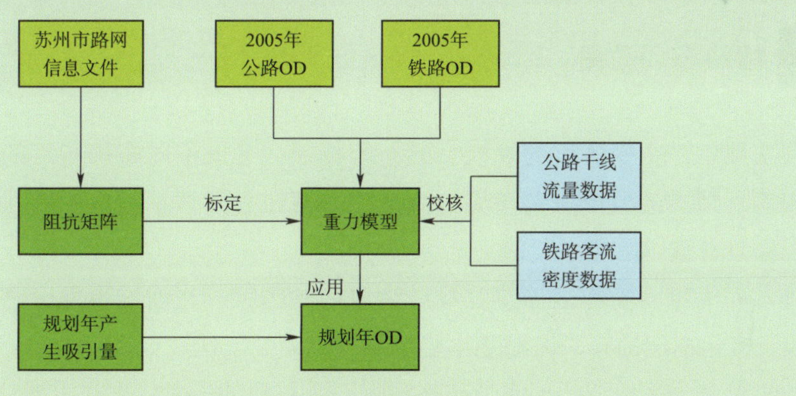

客运出行需求分布预测流程

地区	苏州市区	张家港	常熟	太仓	昆山	吴江	上海	苏南地区	苏中地区	浙北地区	北部地区	西部地区	南部地区
苏州市区	0.00	131.41	1862.68	398.25	1184.59	563.68	7534.06	3397.17	722.71	1674.97	263.55	1025.38	717.84
张家港	156.77	0.00	66.23	47.29	46.31	30.86	813.36	2850.33	372.49	139.17	12.11	63.58	59.65
常熟	2460.95	65.05	0.00	84.88	97.02	161.79	1549.21	1856.20	418.69	357.85	35.53	151.54	153.36
太仓	537.65	104.00	129.92	0.00	63.33	42.90	2315.23	133.48	133.93	67.71	0.00	19.66	29.02
昆山	2000.00	55.79	158.02	57.66	0.00	368.24	5843.42	206.55	142.22	221.38	7.78	25.71	94.88
吴江	583.60	24.02	122.09	47.68	161.05	0.00	1061.72	47.54	50.19	1096.95	0.00	12.85	470.12
上海	7199.06	559.41	1011.16	1808.63	2635.07	856.21	0.00	5608.25	926.22	4865.82	1530.61	757.25	941.55
苏南地区	6839.00	2787.58	1799.24	249.00	411.00	352.52	5608.25	0.00	1852.43	3552.01	2913.83	2382.48	983.41
苏中地区	1568.10	410.51	373.61	135.03	204.71	140.41	926.22	1852.43	0.00	560.72	432.56	447.12	135.96
浙北地区	1830.54	109.54	315.93	43.28	119.92	970.89	4865.82	3552.01	560.72	0.00	912.44	440.88	1302.11
北部地区	357.99	20.42	34.25	8.08	17.95	12.63	1530.61	2913.83	432.56	912.44	0.00	996.92	368.61
西部地区	1231.76	70.22	98.27	45.92	58.06	48.27	757.25	2382.48	447.12	440.88	996.92	0.00	296.09
南部地区	784.52	46.94	135.40	18.55	51.39	416.10	941.55	983.41	135.96	1302.11	368.61	296.09	0.00

客运出行分布 OD 矩阵预测结果

4.4 换乘需求预测

城市换乘需求分布的预测思路，可采用调查的方式获取各种运输方式之间的换乘比例现状，在综合考虑影响旅客换乘的各种因素基础上，结合不同运输方式之间的换乘比例，推算特征年各种运输方式之间的换乘比例，进而结合对外客运总量的预测确定换乘量（图 2-4-3）。

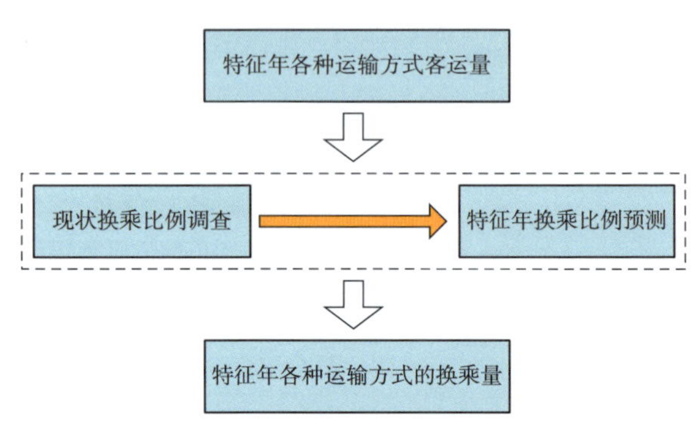

图 2-4-3 各运输方式换乘量预测思路图

2

4.5 枢纽布局数量

在实践中，根据城市的规模、形态等特征，考虑不同布局特点的枢纽模式，估计不同规模、形态的城市需要布局的城市客运枢纽总体数量，对于判断城市客运枢纽的总体规模具有重要的参考价值。

日本作为世界上客运枢纽发展最为成功的国家，当前城市发展已经进入了较为成熟阶段，客运枢纽的布局已经基本稳定，对于尚处于快速城镇化阶段的中国各级城市，日本的经验和客运枢纽的现实分布格局是一个重要的参考依据。根据对日本主要大城市客运枢纽发展现状与规划的梳理和总结（表 2-4-3），结合我国部分城市客运枢纽的规划实践，提出我国不同等级规模的城市内客运枢纽总体控制规模的参考范围，见表 2-4-2。

城市对外客运枢纽总体规模参考范围 表 2-4-2

城市类型	城区人口	布局枢纽数量				平均每 100 万人口的枢纽数
		A 类	B 类	C 类	合计	
一类小型城市	20 万人以下	0~1	0	0~1	1~2	5~10
二类小型城市	20 万 ~50 万人	0~1	0~1	1~2	3~4	5~10
中型城市	50 万 ~100 万人	1~2	0~3	3~5	4~10	5~10
大型城市	100 万 ~500 万人	2~4	3~5	3~6	8~15	2~5
特大型、超大型城市	500 万人以上	4~6	5~10	3~6	12~22	1~4

表 2-4-3

日本主要城市客运枢纽规划数量与功能类型案例汇总

城市名称	城市特征		国土面积（平方公里）	人口总量（万人）	生产总值（亿元）	人均生产总值（万美元）	客运总量（万人次/日）	客运枢纽总体布局				
	区位	城市结构特征						枢纽类型*	布局规模	客运到发量（万人次/日）	平均每 100 万人口的枢纽数	生产总值平均每 1000 亿元的枢纽数
京都	京阪神都市圈（1860万人、1.1万平方公里）的中心城市之一	两点结构型城市，由连接两个主核心区的轴形成南北城市主轴，东西的城市轴则为副轴	961	180	5134	4.6	126.2	一类对外客运枢纽	1	62	0.5	0.2
								二类对外客运枢纽	6	45.1	4.2	1.6
								三类对外客运枢纽	5	19.1	2.7	1.0
札幌	北海道地区（550万人、8.3万平方公里）的中心城市	以中心区和由放射状发展的三个城市副中心形成的“一主三副＋一个副心”的分散型城市结构	1121	188	4534	3.9	50.3	一类对外客运枢纽	1	34.8	0.5	0.2
								二类对外客运枢纽	1	6.4	0.5	0.2
								三类对外客运枢纽	5	9.1	1.6	0.7
仙台	东北地区（951万人、6.6万平方公里）的中心城市	以南北轨道交通为主轴形成了“单中心”的城市结构	979	125	3326	4.3	30.6	一类对外客运枢纽	1	22.6	0.8	0.3
								二类对外客运枢纽	2	4.2	1.6	0.6
								三类对外客运枢纽	4	3.8	3.1	1.2
广岛	山阳地区（630万人、2.2万平方公里）的中心城市	“一主四副八中心”及分散型的城市结构	945	125	3644	4.7	26.9	一类对外客运枢纽	1	14	0.8	0.3
								二类对外客运枢纽	4	9.5	3.2	1.1
								三类对外客运枢纽	3	3.4	1.6	0.5
福冈	九州地区（1329万人、4.2万平方公里）的中心城市	以市中心区和呈放射型发展的三个副中心区形成的“二主三副七节点”的城市结构	614	190	5454	4.6	77.1	一类对外客运枢纽	2	38.4	0.5	0.2
								二类对外客运枢纽	3	31.3	1.6	0.6
								三类对外客运枢纽	4	7.4	2.1	0.7

注：枢纽类型说明：

一类对外客运枢纽：一般为新干线或 JR 线特快站，市级水平的商业、商务中心，企业的地域总部功能，代表城市一流的酒店住宿功能；

二类对外客运枢纽：一般为 JR 线特快站或普通站，区级水平的商业、商务中心，区级水平行政服务功能，一般性的酒店住宿功能；

三类对外客运枢纽：一般为 JR 线普通站，个别为枢纽性较低的支线机场或快艇航线轮渡站，与日常生活密切相关的业务、商业功能的集聚。

第5章 空间选址技术指南

城市客运枢纽的空间布局规划从字面上理解，包含了两个层面的问题，第一是指一个城市（或城市群）内客运枢纽站场的空间选址问题，其主要内容是确定一个城市（或城市群）内的综合客运枢纽的数量、规模、空间位置。第二是指一个客运枢纽站场内部各功能区的布设，主要内容是确定客运枢纽内部站房、换乘、交通、服务、商业娱乐等不同功能空间的布设。在本章节重点解决的是一个城市或城市群内部的枢纽空间选址问题，有关枢纽内部功能布局问题参见第三篇综合客运枢纽功能优化技术指南篇章。

城市客运枢纽站场空间布局，需要按照城镇空间发展战略、城市总体规划，依托区域及城市综合交通网规划及单体枢纽的初步选址，确定枢纽在规划区域范围内的大致布设位置及形式、数量。

5.1 影响因素分析

在城市客运枢纽布局规划中，重点应关注两大层面的影响因素，一是枢纽与所在城市的关系；二是枢纽与区域综合运输网络的关系。

5.1.1 枢纽与所在城市（城镇群）关系

不同类型规模的城市，客运枢纽布局原则不尽一致，要重点考虑以下因素对客运枢纽布局的影响。

①城市性质：包括经济中心城市、交通枢纽城市、特殊职能城市（如风景旅游城市、历史文化名城等）及综合性城市等四类。

②城市功能与规模：包括城市等级、功能分区、发展方向等方面，通常与城市人口规模、出行频率、城市经济总量等指标密切相关。可参照国家对城市等级5类7档

的划分。

③城市形态：城市形态总体反映城市的空间形态特征，通常可划分为集中式城市布局和分散式城市布局两大类。集中式城市形态又可以细分为团块状城市、带状城市、星状城市等城市形态。

④城市定位：指枢纽所在城市的行政等级、人口数量、经济因素以及城市发展规划。

⑤城市建设方向：枢纽应布设在城市的发展轴上。

5.1.2　枢纽与区域综合运输网络关系

①交通功能：主要体现在枢纽所在城市拥有的交通方式种类、数量、行政等级、技术等级及其在综合交通网中的重要度、交通吸引和辐射的服务范围。

②运输能力：指旅客到发量、周转量、通过量、流向及城市客运枢纽的规模和服务功能。

5.1.3　枢纽与旅客运输需求的关系

①客流分布：根据城市居民出行调查和流动人口出行调查，得到旅客出行结构、流量流向分布。城市客运枢纽的空间布局应反映所在城镇的空间结构特征，最大程度地满合客运出行需求分布要求，以实现最优覆盖和最少转换。

②换乘需求特征：分析旅客出行换乘需求特征对枢纽空间布局的影响，客运枢纽站场选址应结合城市中换乘需求的规模及其分布情况，合理确定站场位置，强化无缝衔接，尽量消除城乡或城际换乘需求中需要通过城市交通摆渡的中间环节，实现旅客在不同对外运输方式之间的便捷换乘。

城市内部各组团是城市客运枢纽宏观空间布局的载体，处于不同层次的组团承载着不同层次的客运需求，发挥着客运功能，相应地也就需要配置不同层次的客运枢纽业态与之相适应。

——对于空间尺度小的城市，如 20 万人以下的小型城镇，城市建成区范围较小，一般仅布局一个枢纽便可满足所有城市对外出行需求，其布局规划的重点在于微观选址上。

——对于空间尺度较大的城市，城市空间结构相对复杂，通常可分为不同的城市组团，同时需要考虑未来城市空间拓展的需求。因此，此类大城市的枢纽布局问题，根据各个城市组团结构及其发展定位进行层次划分是客运枢纽分层、分类布局的重要前提。

5.2 基本布局形态

总结我国客运枢纽布局规划实践，基本布局模式主要包括以下四种，在实践中可根据城市特征与交通条件选择合适的布局方式（表 2-5-1）。

城市客运枢纽主要空间布局方式与影响因素　　表 2-5-1

布局方式	布局特点	适用范围	影响因素		示意图
			城市特点	交通条件	
中心式布局	在市区中心或独立的城市组团内，依托对外客运方式站场，集中布设一个综合枢纽，衔接各类交通方式	一般适用于人口规模 20 万人以下的中小城市	城市空间尺度较小，城市功能空间紧凑	城市交通系统发展水平较低	
分散式布局	依托某种对外运输方式站场，衔接各类城市交通方式，形成多个具有对外客运服务功能的客运枢纽，分散布设于市区，各枢纽方向性服务功能区别不大，主要承担不同的城市功能组团居民出行	一般适用人口规模 20 万 ~100 万人的大中型城市	城市空间尺度适中；空间形态紧凑或存在相对明显的组团特征	具有多种对外客运方式；城市公共交通保障能力较强；枢纽间可通过快速路系统连接	
均衡式布局	按照城市发展和居住就业等分布情况，在城市均衡的布设交通枢纽，居民可就近到达枢纽进行对外出行	一般适用于人口规模 100 万 ~500 万人的大城市	空间尺度大，一般呈现多核、多中心格局；城市发展的集约程度较高	城市公共交通方式多样化，各运输方式可通过客运组织实现不同枢纽间的功能衔接与互补	
网络式布局	服务区域庞大，按照城市组团，根据各枢纽主客流辐射方向，分别布设于城市不同方向的出入口附近，承担不同功能；在中心城区可按照用地要求采取网络式布局，解决老站改造、实现一体化换乘	一般适用于人口规模 500 万人以上的特大、超大城市或城市群，面临老站改造，合理利用土地资源、交通资源，实现功能提升，对不同功能的客运枢纽间的通达性要求较高	城市空间尺度较大，城镇化连绵程度高，城市发展的集约程度非常高，地下空间开发程度较高	轨道交通网络发达，且存在独立捷运系统可以有效连接既有站场	

5.3 站场选址原则

布局规划阶段的枢纽站场选址，主要是确定枢纽的空间位置，界定清楚外部边界条件，明确各个单体枢纽站场的用地规模、用地范围等内容。在规划阶段的选址主要遵循以下原则：

原则 1：应与城市发展紧密衔接，既要促进城市重点地区的开发利用，又要尽可能减少交通设施对城市空间的分割影响。

原则 2：从区域交通协调发展的角度，合理安排铁路、高速公路等走向和枢纽布局相协调。

原则 3：实现对人口的良好覆盖，一是对居住于城市中心的现状人口的良好覆盖，二是对城市外围规划人口的良好覆盖。

原则 4：选址在城市发展轴上，与城市空间发展方向相契合（图 2-5-1）。

原则 5：良好的外部集疏运交通条件，与城市道路网、城市轨道交通网络规划相协调。

原则 6：要保证有足够规模的交通用地和周边开发用地。

原则 7：应考虑未来城市用地规划、生产力布局和经济结构调整等因素。

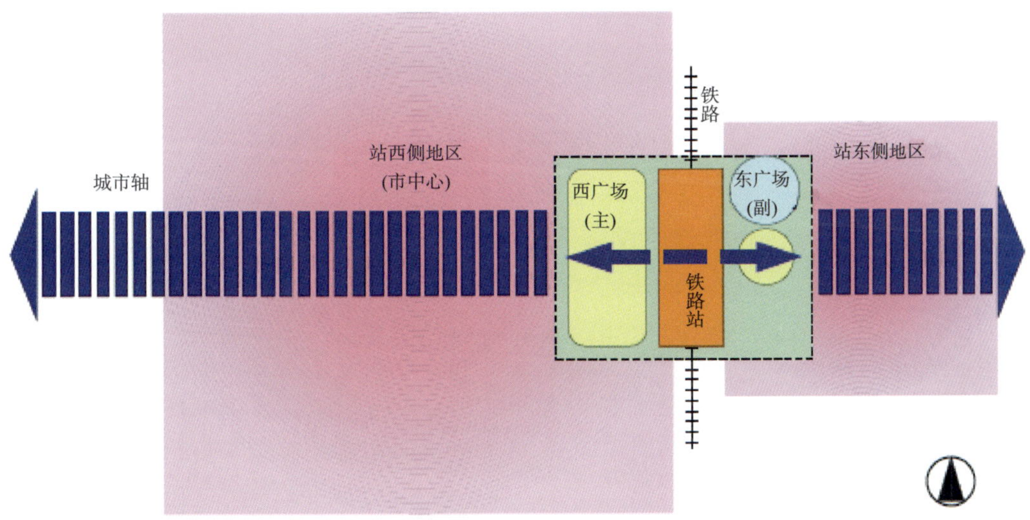

图 2-5-1　综合客运枢纽选址在城市发展轴的示意图

专栏 国外综合客运枢纽选址成功与失败案例

（1）成功案例

日本大阪市是以市中心为中心构建了南北方向和东西方向的城市轴。之后，大阪市又结合新干线的运营，在南北城市轴与东西国土轴的交叉位置上修建了对外交通枢纽的核心车站——新大阪站，发展成为京阪神都市圈中的中心城市。

新大阪站客运枢纽包括新干线、JR线、轨道交通、长途汽车、市内公交、出租车等多种方式，距离位于大阪市中心地区的大阪站约3公里，也是新干线上的重要铁路站，到发通往京阪神都市圈各方向的特急列车。新大阪站和大阪站均选址位于城市发展轴上，而且有充分的高速大运量的交通工具衔接，成为京阪神都市圈区域交通网的重要枢纽。

（2）失败案例

日本岐阜羽岛站作为岐阜市、羽岛市的门户，于1964年建成，车站客运量为0.3万人次/日，近10年一直保持平稳状态。岐阜羽岛站客运枢纽包括新干线、轻轨、市内公交、出租车、社会车辆等方式，距离岐阜市中心区约16公里。羽岛市对该车站的规划是将新干线车站建设成可与市中心区相媲美的中心商业地区。

新干线车站开通后已将近40年，然而岐阜羽岛站周边的状况基本上没有改变，除了大片的社会车辆停车场外，其余都是农田，土地的开发利用根本没有得到展开。该枢纽选址失败原因是新干线开通之后，与市中心区之间的交通连接长期不便，利用新干线车站的乘客已经习惯于使用邻近的名古屋车站（名古屋站为枢纽车站，由于可换乘的高速列车较多，而且从岐阜市中心区到JR只需20分钟），使岐阜羽岛车站没能得到充分地利用，无法聚集一定的客流量。

（3）案例启示

①综合客运枢纽应设在市中心的附近。

②无法设置在市中心附近时，应将其作为城市轴，加强枢纽与市中心的衔接。

③市中心和重要综合客运枢纽应当采用高频率的公共交通（轨道交通、LRT 等）进行联系。

④要使综合客运枢纽周边地区成为城市的重要副中心，应有计划地、持续地实施道路网等城市基础设施的建设以及市区开发项目的规划。

5.4 联合布局的思路与方法

自由度联合布局的指导思想是依据不同运输方式站场布局的限制条件不同，确定机场、港口、铁路、公路站场布局的自由度，由自由度高的场站主动向自由度低的场站衔接的基本思路，进行综合客运枢纽联合布局。

具体布局过程中，重点考虑两个方面：一是关注客运枢纽中不同方式站场在规划特性上的区别，以至形成在选址自由度上的不同，如民航机场布局要考虑空域限制、周边限高等问题；港口客运站要考虑码头布局、航道条件等；铁路客运站布局要考虑铁路线路的走向和枢纽的整体布局，限制条件较多；而公路客运站布局相比较而言自由度较高。二是在考虑约束条件基础上，关注交通与产业、交通与城市组团空间相互影响，从整个城市的客运枢纽体系角度出发，统筹考虑各类客运枢纽的布局，在功能上加以引导。

基于站场自由度的联合布局方法的具体步骤如下：

首先，对城市范围内客运场站系统进行分析，得出若干不同层次的客运枢纽。

其次，对航空港、客运码头的空间布局位置进行研究，并对其是否需要与公路、铁路客运站联合布局进行论证；

再次，对铁路枢纽客运站的设置模式（集中布设还是分散布设）进行研究，得出城市范围内铁路枢纽客运站的数量和位置，并对铁路客运站是否需要和公路客运站联合布局进行论证；

之后，分析非联合布局公路客运站的备选点；

最后，优化公路客运站的数量和空间布局，该空间布局模型以旅客出行成本最低为目标，可建立单目标多约束模型进行求解。

具体布局思路详见图 2-5-2、图 2-5-3。

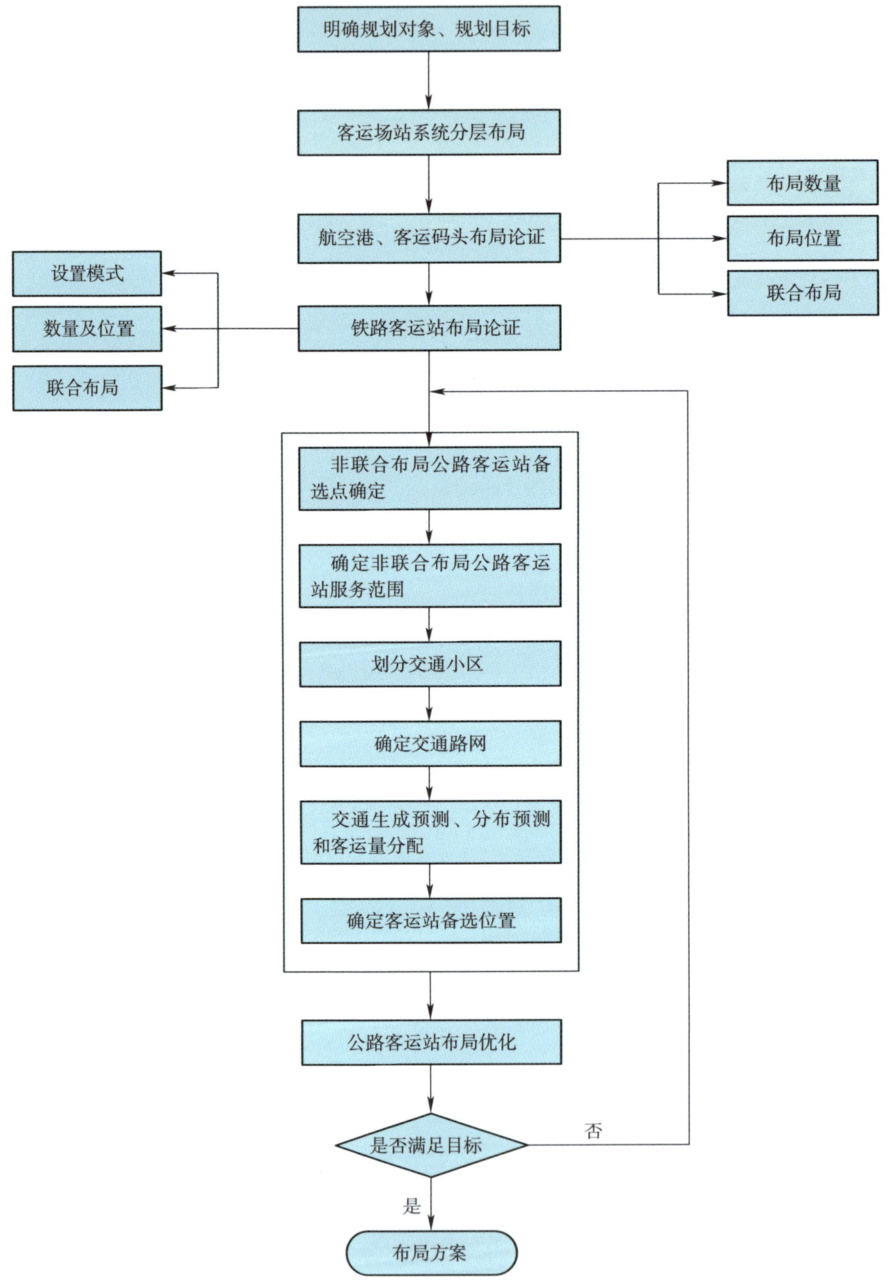

图 2-5-2　城市客运枢纽布局规划总体思路示意图（既有大城市）

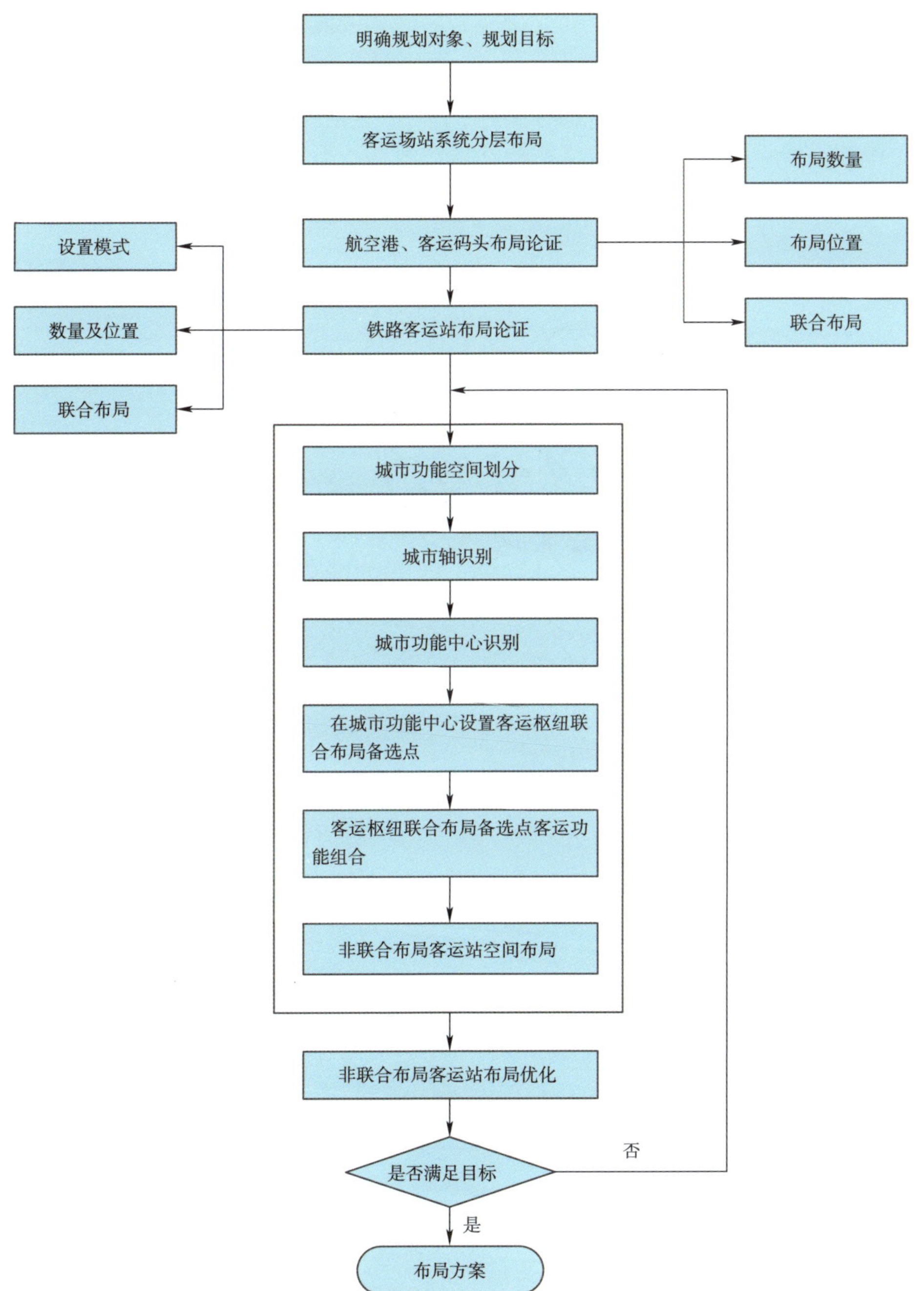

图 2-5-3　城市客运枢纽布局规划总体思路示意图（新建城市）

专栏　深莞惠城市群综合客运枢纽布局规划案例

主体思路上采取“基于站场自由度的联合布局”方法，考虑区域内客运交通组织运行方式，如国铁、城铁、地铁“三网”相互分割，只能依靠换乘方式进行，民航机场、国铁站场自由度相对较低，且基本稳定空间选址，因此采取通过公路站等自由度较高交通场站主动衔接、功能引导，构建一体化的综合客运枢纽体系。

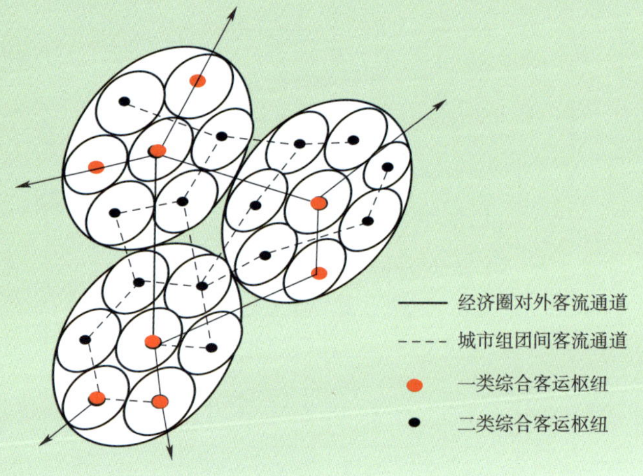

第 6 章 交通衔接技术指南

枢纽与城市交通及不同枢纽间的交通衔接系统，是保障客运枢纽系统功能实现的重要基础。需要重点解决两个问题：①枢纽集疏运系统的配置，②城市内各枢纽间的衔接方式配置。

6.1 客运枢纽集疏运系统配置

针对不同类型和等级的城市客运枢纽，应因地制宜选择道路交通集疏运系统和公共交通集疏运系统。可从两个方面进行分析：一是分析枢纽特征，主要包括枢纽的功能类型、客流规模、地理区位、交通区位和腹地范围等方面；二是分析集疏运系统特征，主要包括运输经济性和舒适性、运输能力、运输速度、服务范围以及投资规模和实施难度。

技术要点：

①统筹考虑城市间交通与城市交通，注重与城市公共交通体系的衔接，以促进客运枢纽与城市交通系统的有效整合和一体化发展，实现旅客运输“零距离换乘”为基本目标。

②优先考虑客运枢纽站场与城市交通路网容量的匹配性、换乘的便利性、衔接的可靠性，以及客运枢纽站场之间及与其他集散型站场之间的可达性。

③对于一些重要客运枢纽或在城市中心区域的枢纽，当难以在一个有限空间实现一体化衔接的情况下，可通过城市轨道交通系统或其他捷运系统连接两个不同方式的枢纽场站，通过快捷的运输组织模式革新，实现多方式逻辑上的衔接，构建“网络式枢纽”；或可通过优化运输组织线路，实现两个枢纽场站在运输组织上的一体化，即“一站两场”式布局运作模式，提升衔接水平。

此处梳理了日本主要大城市客运枢纽的集疏运系统配置情况，作为我国不同等级规模的城市客运枢纽集疏运系统配置的参考，见表 2-6-1。

2

日本对外客运枢纽集疏运方式经验参考

表 2-6-1

类型	案例	客运到发量（万人次/日）	城市中心地区					城市非中心地区					新城或卫星城地区				
			轨道交通	长途汽车	市郊公交	市内公交	P+R（换乘停车场）	轨道交通	长途汽车	市郊公交	市内公交	P+R（换乘停车场）	轨道交通	长途汽车	市郊公交	市内公交	P+R（换乘停车场）
一类对外客运枢纽	京都站（新干线、国铁、民铁）	62.0	●	●	●	●											
	札幌站（国铁、民铁）	34.8	●	●	●	●											
	仙台站（新干线、国铁）	22.6	●	●	●	●	●										
	广岛站（新干线、国铁）	14.0	●	●	●	●	●										
	博多站（新干线、国铁）	33.6	●	●	●	●	●										
	福冈机场（国际航线）	4.8						●	●		●	●					
	平均	28.63	●	●	●	●	◎	●	●		●	●					
二类对外客运枢纽	三条站（国铁、民铁）	5.8	●		●	●											
	长町站（国铁）	2.2	●	●	●	●											
	天神站（民铁）	25.7	●	●	●	●											
	桂站（民铁）	5.8								●	●						
	北仙台站（国铁、民铁）	2.0						●		●	●						
	横川站（国铁）	3.4						●		●	●						
	五日市站（国铁）	2.5						●	●		●	●					
	吉塚站（国铁）	2.0									●						
	山科站（国铁、民铁）	11.1											●	●		●	●
	新札幌站（国铁、民铁）	6.4											●	●	●	●	●
	姪浜站（国铁）	3.6											●		●	●	
	平均	6.41	●	◎	●	●		◎	◎	◎	●	◎	●	◎	◎	●	◎

续上表

类型	案例	客运到发量（万人次/日）	城市中心地区					城市非中心地区					新城或卫星城地区				
			轨道交通	长途汽车	市郊公交	市内公交	P+R（换乘停车场）	轨道交通	长途汽车	市郊公交	市内公交	P+R（换乘停车场）	轨道交通	长途汽车	市郊公交	市内公交	P+R（换乘停车场）
三类对外客运枢纽	新琴似站（国铁）	5						●	●		●						
	丘珠机场（国内航线）	0.1						●			●						
	白石站（国铁）	1.2							●	●	●						
	名取站（国铁）	1.8							●		●						
	竹田站（民铁）	5.8						●	●		●						
	下津川站（国铁）	0.4								●	●						
	广岛港轮渡站（国铁）	0.8						●			●	●					
	大野城站（民铁）	1.2								●	●	●					
	手稻站（国铁）	2.8												●		●	
	中野荣站（国铁）	0.8												●		●	
	六地藏站（国铁、民铁）	3.1											●		●	●	
	新井口站（国铁）	2.2											●			●	
	南福冈站（国铁）	3.2													●	●	
	香椎站（国铁、民铁）	3													●	●	
	平均	2.24						◎	◎	◎	●	◎	◎	◎	◎	●	◎

注：表中●一定具备的功能；◎一般情况下具备的功能。

参考日本经验，提出中国城市客运枢纽集疏运系统推荐配置方式，见表 2-6-2。此处需注意，日本对于客运枢纽的分类与中国不同。日本的情况是以铁路车站的等级为主要分类依据，中国的情况则是以包含对外客运方式的类型情况作为主要分类依据。日本的一类、二类、三类对外客运枢纽可对应于中国的 A、B、C 三类客运枢纽，其中各类型在定义上有所交叉。

不同类型枢纽的推荐集疏运方式　表 2-6-2

类型	城市中心地区	城市非中心地区	新城或卫星城地区
A 类	推荐：城市轨道、快速公交、长途汽车、城市（乡）公交 一般：快速公交、长途汽车、城市（乡）公交	推荐：城市轨道、快速公交、长途汽车、城市（乡）公交 一般：快速公交、长途汽车、城市（乡）公交	推荐：城市轨道、快速公交、长途汽车、城市（乡）公交 一般：快速公交、长途汽车、城市（乡）公交
B 类	推荐：城市轨道、城市（乡）公交 一般：城市轨道、城市（乡）公交	推荐：城市轨道、城市（乡）公交 一般：城市轨道、城市（乡）公交	推荐：城市轨道、城市（乡）公交 一般：城市轨道、城市（乡）公交
C 类	推荐：城市轨道、城市（乡）公交 一般：快速公交、城市（乡）公交	推荐：城市轨道、城市（乡）公交、P+R 一般：快速公交、城市（乡）公交	推荐：城市轨道、城市（乡）公交、P+R 一般：快速公交、城市（乡）公交
D 类	推荐：城市轨道、城市（乡）公交 一般：城市（乡）公交	推荐：城市轨道、城市（乡）公交、P+R 一般：城市（乡）公交	推荐：城市轨道、城市（乡）公交、P+R 一般：城市（乡）公交
E 类	推荐：城市轨道、城市（乡）公交 一般：快速公交、城市（乡）公交	推荐：城市轨道、城市（乡）公交、P+R 一般：快速公交、城市（乡）公交	推荐：城市轨道、城市（乡）公交、P+R 一般：快速公交、城市（乡）公交

6.2 枢纽间交通衔接方式配置

对于同一城市群或城市内的客运枢纽，如果相互之间具有较大客流转换需求，则需要结合城市综合交通规划要求，分析不同客运枢纽之间的客流转换特征，分别从运输能力与服务水平两个角度，研究论证枢纽间交通衔接方案。

——运输能力。根据需求预测的结论，可以确定枢纽间客流走廊的客运需求强度。参考不同衔接交通技术参数，从供给与需求匹配的角度，推荐适宜的枢纽间衔接交通方式，作为布局规划阶段的参考（表 2-6-3、表 2-6-4）。

衔接交通方式技术参数比较　　表 2-6-3

方　式	地铁	轻轨	BRT	常规公交
投资额	高	高	较高	低
单向乘客运输能力（人次 / 小时）	30000~40000	20000~30000	10000~20000	5000~10000
运行速度（公里 / 小时）	30~40	30~40	20~30	10~20
系统灵活性	低	低	较高	高

衔接交通方式技术参数参考　　表 2-6-4

枢纽间客流需求强度	断面单向客流量（人次 / 高峰小时）	推荐衔接模式
高强度	>30000	地铁
次高强度	10000~30000	轻轨、快速公交（BRT）
中等强度	5000~10000	BRT、公交专用道
低强度	<5000	直达班车、常规公交

——服务水平。根据不同等级、类型的客运枢纽之间对衔接可靠性、客流容量要求的不同，分别提出“优”“良”“中”三个不同服务水平的枢纽间衔接交通方案，作为布局规划阶段的参考（表 2-6-5）。

不同类型城市客运枢纽间衔接交通方式参考

表 2-6-5

类型	A 类	B 类	C 类	D 类	E 类
A 类	优：国铁环线 良：专用轻轨 中：地铁、BRT、公交专用道	优：国铁、地铁 良：地铁、BRT 中：公交专用道	优：地铁 良：地铁、BRT 中：直达班车（公交）	优：地铁 良：BRT 或公交专用道	优：BRT 良：公交专用道
B 类		优：地铁 良：地铁、BRT 中：BRT、直达班车（公交）	优：地铁、BRT 良：地铁、公交专用道 中：直达班车（公交）	优：地铁 良：BRT、公交专用道	优：BRT 良：公交专用道
C 类			优：地铁 良：BRT 或公交专用道 中：直达班车（公交）	优：地铁 良：BRT、公交专用道	优：BRT、公交专用道 良：普通公交
D 类				优：地铁 良：BRT	优：BRT、公交专用道 良：普通公交
E 类					优：BRT、公交专用道 良：普通公交

第 7 章 布局规划方案评价方法

根据确定综合客运体系发展目标，对已制订的综合客运枢纽布局规划方案进行评价。根据评价结果，优化布局方案，保证布局的科学性、合理性、适用性。评价体系建立的原则主要有：综合性、实用性、可比性、用户第一。布局规划方案的评价主要从枢纽规模适应性、覆盖率、可达性及环境适应性等四个方面进行。

——规模适应性。规模适应性评价重点关注布局方案能否实现供需匹配，选用的评价指标为规模适应度，为预测的各枢纽旅客发送量与设计发送能力的比值。枢纽规模适应性评价指标可用最大适应度和平均适应度两个指标来衡量。

最大适应度 C_1 主要用来描述单体枢纽规模满足需求的程度，用枢纽最大适应度表示。平均适应度标 C_2 主要用来描述枢纽规模满足需求的程度，用枢纽平均适应度表示。对于规划新建的综合客运枢纽，在对其进行规模确定时，为了将来能够提供一定的服务弹性，各枢纽的规模适应度取值在 0.8~0.9 之间；对于已建或规划的枢纽，通过功能的重新定位，调整部分枢纽的设计能力和规模，确保其规模适应度也处于较为合理的取值范围之内。

——覆盖率。枢纽覆盖率指标主要有面积覆盖率和人口覆盖率两类。面积覆盖率指所有枢纽的服务范围与规划区总面积的比例。人口覆盖率指所有枢纽的服务人口与规划区总人口的比例。

覆盖率的计算以公共交通来确定服务半径，将枢纽站各种公共交通的覆盖范围进行叠加，得到各枢纽站的覆盖范围；然后，再将所有枢纽站的覆盖范围进行叠加，便可以得到最终的枢纽覆盖范围。

——可达性。枢纽可达性主要反映的是出行者从出发地到客运枢纽以及从枢纽到目的地的便利、快捷程度，而出行者的方便程度则可以通过出行者从出发地到枢纽的汇集时间和枢纽到目的地的疏散时间来反映。评价指标一般取综合客运枢纽的最大集散时间，以及所有枢纽平均集散时间来反映枢纽通达性。

最大集散时间即根据枢纽的最大出行链，计算出枢纽与目的地或出发地之间的最大集散时间，然后选择最大的枢纽最大集散时间。平均集散时间为所有枢纽与目的地或出发地之间的集散时间的平均值。

——环境适应性。环境适应性指规划的综合交通客运枢纽方案具有较好的社会环境适应度和自然环境适应度。环境适应性主要包括社会环境适应度和自然环境适应度两种指标，其评价主要考虑规划的客运枢纽与城市规划、轨道网规划、干线路网规划和公交线网规划等因素的协调性。由于环境适应性指标难以定量，一般采用定性分析的方法，具体可从是否与社会经济发展、城市发展方向、城市用地规划、各种交通线网规划相等方面相适应进行定性评价。

第 8 章 规划管理改善建议

客运枢纽布局规划需特别关注和处理好政府与市场的关系。由于客运枢纽具有较强的公益性，其规划应由政府主导进行，便于做好与城市总体规划、土地利用规划的协调；建设运营过程中应注意发挥市场力量与作用，鼓励综合开发、一体化运营。

①统一管理部门和权利责任，统筹布局规划。枢纽布局规划层面上，由城市人民政府主导规划协调，统筹交通、建设、国土、环境等部门的意见，统一开展规划编制。规划应由所在地政府批复，确保规划的有效执行；城市规划部门负责客运枢纽站场的控制性详细规划，确保枢纽用地落实；交通主管部门应负责项目推动实施与功能监管，确保项目建设目标的实现。

②开展运输组织规划，创新服务模式。建议开展城市运输组织整体规划工作，明确枢纽层次结构及其在运输组织中的功能，优化运输组织模式，提高中转效率，确保充分发挥枢纽集散、中转功能，各种交通方式、城市内外交通衔接顺畅。在此基础上，通过出行服务模式设计，引导和规范不同人群的出行行为，打造依托以枢纽换乘组织为核心的多模式公共客运服务模式。

③改革运营管理机制，鼓励一体化管理模式。推进区域枢纽实行第三方经营管理模式，促进枢纽设施的公用化；鼓励枢纽与各方式运输公司签署合作协议，实现专业性客运业务的托管模式；组建枢纽联合体，鼓励联程票务、线路合营等模式，推进联程联运。

④倡导枢纽“TOD[①] 综合开发”理念，实现可持续发展。鼓励鼓励依托城市客运枢纽进行“TOD 土地综合开发”，在布局规划阶段深入研究城市客运枢纽的综合开发功能，将“TOD 土地综合开发”纳入枢纽规划要求，并明确交通类设施与商业开发类设施的边界、功能要求及监管要求，通过商业功能支持枢纽发展，同时应严格监管，确保枢纽交通服务功能的实现。

① 以公共交通为导向的开发。

综合客运枢纽功能优化技术指南

第 1 章 综合客运枢纽设计要求

本篇重点关注衔接了两种及以上对外运输方式的综合客运枢纽功能优化技术研究。对于该类枢纽，中国交通运输部给出的官方概念为：“在综合运输网络的特定节点上，将两种及以上对外运输方式与城市交通的客流转换场所在同一空间（或区域）内集中布设，使各种运输方式的基础设施、技术装备、运输组织、公共信息等实现有效衔接而形成的具有一定规模、便于换乘的一体化客运服务系统”（交规划发〔2015〕35 号）。

综合客运枢纽是融合了交通、经济、城市等多重功能的建筑综合体，是各种对外运输方式间及其与城市交通间实现有效衔接和一体化客运组织的关键节点。综合客运枢纽功能优化技术指南重在指出，枢纽功能设计中应引起设计人员关注的主要问题与设计要点。

1.1 分类分级

（1）分类

综合客运枢纽的类型划分是为有针对性地指导枢纽设计与建设。

根据综合客运枢纽中主导方[①]的不同，综合客运枢纽可分为四种类型[②]：航空主导型综合客运枢纽、铁路主导型综合客运枢纽、水运主导型综合客运枢纽、公路主导型综合客运枢纽。有关以上四种类型案例可见图 1-1-11~ 图 1-1-14。

①航空主导型综合客运枢纽

航空主导型综合客运枢纽一般出现在枢纽机场和干线机场，依托机场航站楼进行建设并与航站楼融为一体。在我国，通常情况下航空主导型综合客运枢纽的构建大都

① 综合客运枢纽主导方是指在综合客运枢纽形成过程中，受空域、水域、线位、净空、地质条件、土地资源等特定工程建设条件及建设标准限制，对其他交通运输方式起主要约束影响作用的某一种对外运输方式。

② 来源：《综合客运枢纽可行性研究编制指南》，人民交通出版社。

是出现在机场吞吐量达到一定规模时，需要规划建设第二、三航站楼或者第二、三跑道时，借助机场改扩建规划契机，引进多种集疏运方式，尤其是引入轨道交通（包括轻轨、地铁等；对于门户型枢纽机场，还可以根据其服务范围，引入高铁、城际铁路等），共同构建航空主导型的综合客运枢纽。国内航空主导型综合客运枢纽有上海虹桥机场综合客运枢纽、西安咸阳国际机场综合客运枢纽、武汉天河机场综合客运枢纽等；在国外如法国巴黎戴高乐机场综合枢纽、德国法兰克福机场综合枢纽等。

该类枢纽的主要特点：受机场选址条件约束，离所在城市中心较远；旅客对多向性、多方式选择的需求较高，集疏运交通方式较多，快速集疏运特征明显，枢纽更多关注周围集疏运系统与主导型运输方式的便利衔接问题；目标旅客出行目的十分明确，服务需求层次较高，服务水平和品质的要求相对较高；航站楼陆侧空间有限，换乘区域集中，交通流线复杂；空间上大多采用多层立体设计，平面与垂直换乘相结合的方式；在突出交通主体功能前提下，兼顾考虑枢纽内部的商业开发问题。

②水运主导型综合客运枢纽

水运主导型综合客运枢纽主要存在于沿海、沿江的大城市内或者旅游城市，表现为城市对外客运码头或者大型游轮母港，连同与之配套建设的其他对外运输方式场站（含旅游车场等）和城市公共交通站场等一起构建为综合客运枢纽。我国现有的案例如珠海九洲港综合客运枢纽、深圳蛇口邮轮母港综合客运枢纽、大连皮口陆港中心等；国外典型案例有英国南安普顿五月花码头综合枢纽、日本横滨港综合枢纽等。相对于其他运输方式而言，由于水路运行速度较慢、航线受限等特点，当前我国该类综合客运枢纽的数量不多，但随着我国经济的发展和国际影响力的提升，特别是我国正逐步成为国际主要旅游目的国，加之国内以休闲、度假为主的水上旅游交通快速发展，使得以旅游、口岸等服务功能为主、为旅客提供多元化交通出行服务的该类型综合客运枢纽的建设日益受到关注。

该类枢纽的主要特点：受选址条件制约，均位于大江大河或主要沿海港口码头后方或重要的旅游风光带沿岸，与客运码头一体化建设；多见于口岸城市或旅游城市，多位于主城区之内，与多种城市交通方式对接；由于受航线影响，辐射范围有限，旅客流量一般不会太大，但在旅游旺季或闲暇假日中会出现小高峰客流，枢纽整体规模体量不大，受班线影响上下船瞬间客流人员较多，应急交通组织是该类枢纽需要重点考虑的因素之一；多与口岸通关、旅游专线或者机场城市候机楼等功能综合设置，需要提供水陆接驳、区域中转等综合服务。

③铁路主导型综合客运枢纽

铁路主导型综合客运枢纽一般指以完成干线铁路（包括高速铁路、普速铁路、城际铁路）枢纽站场的客流集散和中转为基本需求，集公路客运、轨道交通、普通公交以及出租等各类交通方式于一体，实现不同方式间衔接、联运、转换的综合型客运枢纽。该类型枢纽目前是我国综合客运枢纽的建设主体。国内现有案例如成都沙河堡综合客运枢纽、深圳北站综合客运枢纽、南京南站综合客运枢纽等；国外的有德国柏林中央火车站综合枢纽、日本东京站综合枢纽等。

该类枢纽的主要特点：布局形态多样，是目前综合客运枢纽类型中分布最为广泛的主体类型，其大部分处于城市中心或城市新城区内，由于功能特征的不同以及配套运输方式的不同，存在多种布局形态；功能流线多样，普通铁路“等候式”和高速铁路“通过式”的性能特征对总体布局和功能流线的需求有着较大差别；衔接方式多样，可与各类型轨道交通、公路乃至民航机场及城市交通相结合，是构建综合运输体系的重要节点；开发功能多样，新建的铁路主导型综合客运枢纽现阶段大多位于城市的新城区，在承担交通功能的同时往往被赋予以交通带动城市拓展开发及区域内商业开发等多种功能。

④公路主导型综合客运枢纽

公路主导型综合客运枢纽主要是指依托公路运输枢纽站场与城际轨道、城市公共交通共同构建的综合客运枢纽。公路运输站场与城际轨道交通的结合，扩大了枢纽的辐射范围，对外运输方向更加深广，为旅客提供了多元化选择方式，成为城市对外交通与城市内部交通转换的重要场所。国内案例如重庆两路综合客运枢纽、惠州新汽车南站综合客运枢纽、长沙汽车南站综合客运枢纽等。

该类枢纽的主要特点：客流到发密集、长短班线班次不均衡分布，高峰小时周期相对较长；各种交通方式（出租、公交、社会）车流混杂、周边道路交通组织条件复杂，易形成对城市交通的压力，对与城市道路网直接衔接的道路条件要求较高；在黄金周、小长假、旅游旺季以及春运等时段，该类型枢纽往往是我国老百姓优先选择的重要交通出行方式之一，对枢纽场站交通应急组织能力要求较高；选择此类枢纽出行的群体大多为普通百姓，枢纽内服务设施、交通标识等设置要求较高，人文关怀的建设内容更具有针对性，也直接影响枢纽换乘效率；一般均与城市轨道交通衔接，并承担城市内部交通换乘功能。

（2）分级

综合客运枢纽的级别划分是便于指导不同级别枢纽的规划建设，对不同级别枢纽的运输方式站场衔接标准、集疏运衔接标准、设施建设规模等提出具体建设要求。

客流规模尤其是综合客运枢纽内各交通方式间的换乘量是级别划分的重要参数。考虑综合客运枢纽与单一运输方式客运站场标准规范的兼容性，同时为体现不同类型枢纽客流特征的差异性，本篇根据我国综合客运枢纽建设实践及换乘量数据（图 3-1-1），采取了类型与级别相结合的思路，对不同类型的综合客运枢纽采用不同的客流规模标准进行分级，将综合客运枢纽划分为四个级别，具体见表 3-1-1。

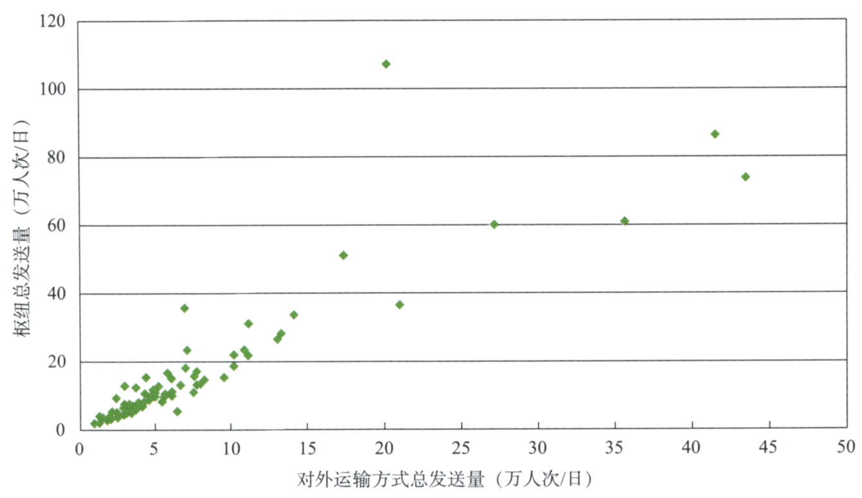

图 3-1-1　中国 110 个综合客运枢纽换乘量数据图

综合客运枢纽级别划分

表 3-1-1

级别	铁路主导型		公路主导型		水运主导型		航空主导型	
	枢纽总发送量（万人次）	对外方式总发送量（万人次）	枢纽总发送量（万人次）	对外方式总发送量（万人次）	枢纽总发送量（万人次）	对外方式总发送量（万人次）	枢纽总发送量（万人次）	对外方式总发送量（万人次）
一级	≥ 20	≥ 10	≥ 10	≥ 5	≥ 4	≥ 2	≥ 10	≥ 5
二级	[10,20）	[5,10）	[2,10）	[1,5）	[2,4）	[1,2）	[6,10）	[3,5）
三级	[5,10）	[2,5）	[1,2）	[0.5,1）	[0.5,2）	[0.2,1）	[2,6）	[1,3）
四级	<5	<2	<1	<0.5	<0.5	<0.2	<2	<1

注：对外运输方式总发送量是综合客运枢纽内对外运输方式发送的旅客数量之和。综合客运枢纽总发送量是综合客运枢纽内对外运输方式总发送量和城市交通方式总发送量之和。级别确定时需综合考虑对外方式总发送量和枢纽总发送量两项指标，二者中取高值作为确定依据。

1.2 基本功能

综合客运枢纽的服务功能主要集中在四个方面：

①换乘衔接功能，指枢纽通过利用良好的交通区位、完善的内部设施及现代化的管理手段，为旅客提供不同运输线路之间、不同运输方式之间，以及对外运输方式与城市交通之间便利的换乘衔接服务，实现“零距离换乘”。

②运输组织功能，包括车辆调度管理、停车服务、联程联运组织等功能。运输组织功能在客运枢纽中属于附属功能，服从于换乘功能。

③城市服务功能，指枢纽配套的商业开发，为旅客换乘过程提供各类购物、游憩服务。

④经济开发功能，指凭借枢纽的区位优势，刺激土地开发，提高土地利用强度和利用效率，引导城市空间结构拓展。经济开发功能是客运枢纽的派生功能，枢纽的建设对周边土地开发和经济发展有促进作用，但必须是在保障枢纽最基本、最核心的换乘功能基础上进行科学考量，否则过度强调宏观层面的引导开发、强调枢纽地区的用地和产业规划，极易会因开发而使换乘场地缩水，导致换乘功能薄弱，反过来会制约和削弱引导开发功能。

1.3 面临问题

中国交通运输部于 2009 年起，启动了一项旨在促进多种交通运输方式衔接的综合客运枢纽资助项目，有效地推进了综合客运枢纽的发展，但由于各地对综合客运枢纽规划设计理念与建设标准缺乏统一认识，导致不同地区建设的综合客运枢纽衔接效果差异较大，尤其是部分综合客运枢纽的建设仍停留在通过露天广场衔接的阶段，旅客换乘过程中“先跨马路，后穿广场”的现象依然存在。

综合客运枢纽发展过程中存在的问题主要表现在以下几个方面：

①枢纽布局方面。由于部门体制分割，综合客运枢纽缺少整体方案的统一规划，各运输方式站场的建设时序无法协调，用地不能保证，导致当前我国部分在建的综合客运枢纽内各运输方式功能设施布局不尽合理，不是依照旅客换乘流线进行总体布局，而是先行确定各运输方式的建设主体、投资主体，自行设计各自用地范围内的旅客流线，导致综合客运枢纽内各运输方式的衔接多为拼凑集合，特别是在多种方式换乘集合的公共区域，此类现象更为突出，无法体现以人为本的服务要求。

②设施衔接方面。目前我国仅有各单一运输方式站场的建设技术标准及相关规范，缺少各运输方式相互衔接的公共服务区域所应遵循的建设标准和服务水平等技术要求。综合客运枢纽在现实推进过程中，由于缺少交通建筑的统一设计，枢纽内主导方（如以铁路为主的综合客运枢纽）站场设施的建设往往具有优先权，导致在主导方站场设计方案已定情况下，枢纽内其他运输方式与之衔接必须通过换乘天桥、廊道、大厅、广场等方式，拉长了旅客的换乘距离，无法实现安全、舒适、便捷的基本要求。

③信息建设方面。全国范围内已建和在建的综合客运枢纽很难做到不同运输方式之间交通导向标识的统一，基本无法实现不同运输方式间的信息共享。不同城市甚至同一城市不同的综合客运枢纽内交通导向标识不统一，使得有换乘需求的旅客必须要熟知不同枢纽不同交通方式的导向标识才能体验换乘服务，增加了旅客公共出行难度，增大了综合客运枢纽公共换乘区域的管理难度。由于枢纽内不同运输方式间信息互不共享，甚至最基本的票务信息、换乘班次信息也未实现联网，使得大量换乘客流在枢纽内迂回，增加了无效交通，也增大了交通安全隐患。

④安全管理方面。不同交通运输方式共同作用于同一综合客运枢纽，在紧急状态下的安全应急机制主要是依靠地方政府的协调管理，但在多种运输方式的安全机制如何协调和管理，安全疏散对设施规模的建设要求等方面，国家一直没有提出明确的管理和技术要求，这是现阶段行业管理亟待解决的重要问题。

1.4 设计理念

综合客运枢纽的功能优化应遵循的最基本理念即以人为本。

为了将以人为本理念更好地体现在综合客运枢纽系统功能中，需要做到五个一体化：

①规划设计组织一体化。综合客运枢纽的规划建设涉及多个部门，必须要在规划选址、方案设计上做到组织协调统一，相互配合，才能保证各枢纽设施集约布局、有效衔接、资源共享、换乘便捷，实现一体化客运服务功能。

②交通运行流程一体化。无论是车流组织，还是人流组织，均要求注重交通运行在流线设计上体现一体化，保证旅客在不同交通方式、交通工具转换间的无缝衔接，体现车辆行进过程的连续、快捷、明确。

③基础设施建设一体化。枢纽中各交通设施、各换乘层面会上下叠合，各种设施之间会留有平面、竖向多个接口，枢纽建设涉及不同投资、管理主体，在建设过程中，

必须实现相互协调，相互预留，尽量做到同步建设，如不能，则要求先建者必须考虑后建者的实施可能性，并预留接口。

④信息导向系统一体化。不同运输方式之间应做到信息互联互通、信息共享、导向标识风格统一，在导向系统设计设置中，注意诱导信息的连续、一致和标准的统一。

⑤安全应急处理一体化。必须构建一套有效的协同管理机制，保证综合客运枢纽内各运输方式在应急状态条件下的管理指挥一体化。

1.5 设计原则与流程

综合客运枢纽作为重要的交通基础设施，具体设计过程中，应体现安全、便捷、高效、集约、绿色、文化等六大设计原则。

①安全：人车分流，减少交织，预留行人缓冲区域，避免出现人流车流拥堵和瓶颈节点。

②便捷：各种运输方式紧密衔接，旅客可以方便、快捷地在短距离内实现换乘或集散。

③高效：标识系统清晰准确，交通组织科学合理，以有序、顺畅的交通流线引导建筑空间，快速集散旅客和车辆。

④集约：合理有效利用土地和交通资源，集约化、规模化组织交通出行和换乘。

⑤绿色：遵循环境友好、资源节约的原则，以节约资源、提高能效、控制排放、保护环境为目标，在设计过程中注重绿色循环低碳发展理念，并为未来的发展预留足够的空间和弹性。

⑥文化：由内部设计至外部设计，均体现以人为本的人文关怀和对人性的尊重。

枢纽内部设计应注重空间人性化设计，重视内部无障碍设计，为各类人群提供舒适换乘空间和公共设施，加强旅客对公共空间的亲切体验，并强调对弱势群体的关怀，尤其是残疾人士、妇女、儿童等，增加残障人士与妇婴等相关配套设施的安排，体现以人为本和性别平等因素；外部设计强调建筑形态应与交通功能、地域文化、自然环境相契合、协调。

综合客运枢纽功能优化是围绕综合客运枢纽中不同交通方式间如何实现高效衔接和便利换乘的核心服务功能，侧重于引导综合客运枢纽中不同运输方式间衔接换乘公共区域的功能优化，重点提出枢纽规划设计中应当关注的内容、要求与设计要点。

根据基本功能及设计原则，影响综合客运枢纽系统服务功能实现的关键问题集中在六大核心环节领域：需求分析、空间布局、衔接设计、交通组织、导向系统、安全应急。

结合中国当前综合客运枢纽管理体制与枢纽功能优化设计关注重点，提出综合客运枢纽的功能设计流程如图 3-1-2。

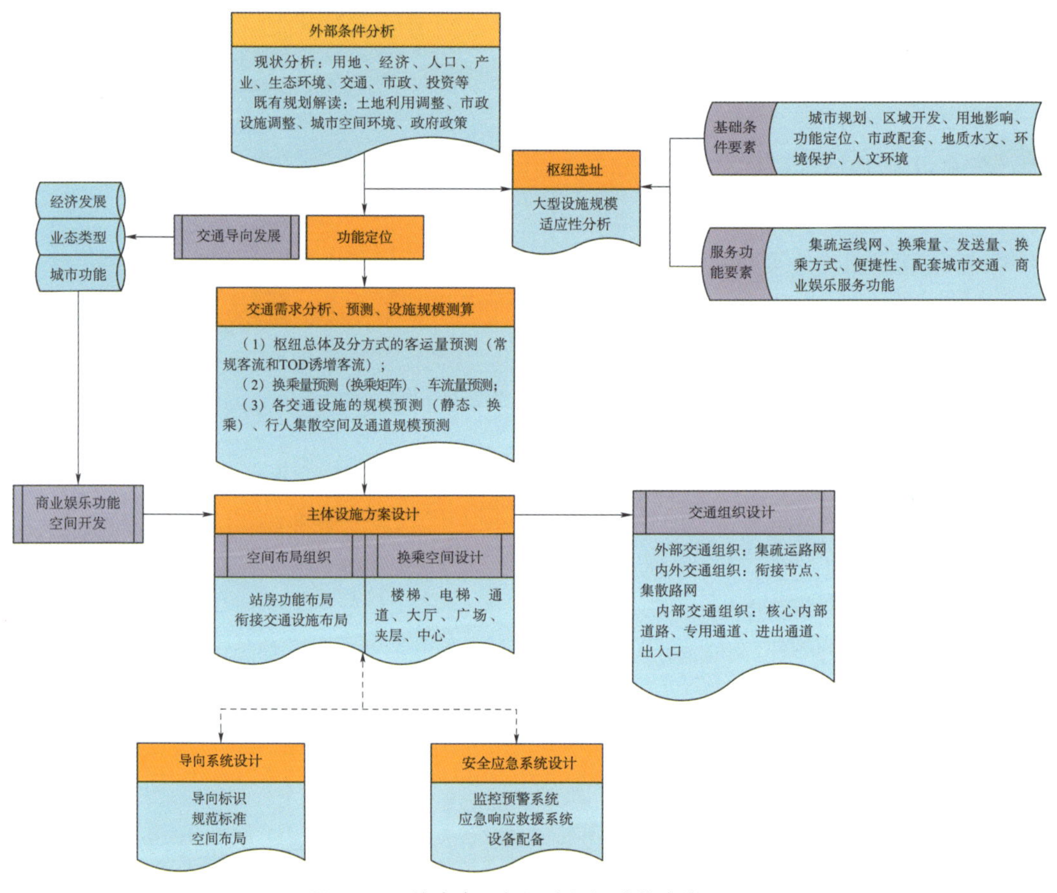

图 3-1-2 综合客运枢纽功能设计基本流程图

1.6 基本目标与评价标准

综合客运枢纽功能优化评价的核心是对枢纽核心衔接换乘功能的考察与评价。经借鉴欧盟、伦敦以及亚洲开发银行对客运枢纽站场的相关评价框架（详见表 3-1-2、~表 3-1-4），对比中国实际情况，本研究认为，中国当前各类客运站场均具有完善的官方技术标准与设计规范，但当各类客运站场衔接一体构建成为综合客运枢纽时，由于管理体制分割原因，对于各类客运站场如何衔接与功能优化，缺乏明确的技术规范与指导。因此，针对中国客运枢纽当前发展的实际问题，将中国综合客运枢纽功能优化评价的重点集中在目前各运输方式站场规范中缺失的公共区域衔接换乘、内外交通衔接顺畅性以及应急安全三个方面，据此研究提出基于中国实际的综合客运枢纽功能优化目标与评价框架见表 3-1-5。

基于中国实际的综合客运枢纽功能优化目标及评价框架　　表 3-1-2

目　标	要　求	判定指标	测　算　方　法
换乘的便利性	①便捷性 ②舒适性 ③安全性 ④连续性	①平均换乘距离 / 时间 ②平均换乘绕行系数 ③换乘设施拥挤度（含通道） ④换乘过程中服务水平是否突变	①旅客在枢纽中换乘步行距离 / 时间的平均值 ②旅客从换乘点到出入口的实际步行距离 / 直线距离 ③换乘设施实际通过人数 / 设计通过能力 ④换乘过程中，是否存在换乘设施突然变窄、有瓶颈路段、交通导向标识是否连续、一致？
交通的顺畅性	①高效 ②有序 ③安全 ④容错	①外部交通是否与过境交通分离 ②出入口交通的容错程度 ③人车冲突点数量 ④流线交织段数量	①是否设置专用匝道分离枢纽车辆与过境车辆？车辆出入口是否布置在次干道？ ②车辆进入枢纽，是否设置容错线路？ ③枢纽内旅客上下客、换乘过程中是否存在与车辆的冲突点？ ④车辆进出匝道、出入口时交织路段数量
枢纽的安全性	①安全应急机构健全 ②应急救援快速响应	①是否统一设置安全应急管理机构 ②是否制订安全应急预案	①各交通方式场站运营单位是否建立统一的安全应急机构？ ②是否按照枢纽特点，制定了应急预案，并进行了持续演练？

欧盟换乘枢纽服务功能评价指标表　　表 3-1-3

评价标准	指标分类	具体指标
整体形象和效果（安全、明亮、整洁程度）	安全 / 安保	✓ 交通安全 ✓ 人身安全 ✓ 财产安全
	效率	✓ 协调效率 ✓ 运营效率
	信息	✓ 安置位置 ✓ 易辨识 ✓ 相关性

续上表

评价标准	指标分类	具体指标
整体形象和效果 （安全、明亮、整洁程度）	舒适	✓气候影响 ✓洁净度 ✓吸引力 ✓工作条件 ✓工作组织 ✓维护保养 ✓职工卫生间
	布局	✓布局
枢纽与城市的衔接	选址	✓总体位置和可达性
	入口可达性	✓入口的位置
信息与导向系统	出行信息	✓出行信息
	交通信息	✓交通信息
	时间 / 报时信息	✓时间 / 报时信息
	导向信息	✓内部 / 外部
换乘衔接与方式整合	出租车位置	✓总体服务质量
	小汽车停车	✓总体服务质量 ✓财产安全 ✓人身安全 ✓距离 ✓价格 ✓尺寸
	上 / 落客区	✓总体服务质量 ✓距离 ✓价格 ✓尺寸
	公共汽车 / 电车停靠站	✓总体服务质量 ✓位置 ✓人身安全 ✓防护罩 ✓标志 ✓距离
	站台 / 站点	✓总体服务质量 ✓可达性

续上表

评价标准	指标分类	具体指标
换乘衔接与方式整合	步行环境	✓ 整体服务质量 ✓ 自动化服务 ✓ 调整的边缘 ✓ 可达性 ✓ 安全过街
	自行车停车	✓ 整体服务质量 ✓ 财产安全 ✓ 照明 ✓ 距离 ✓ 价格 ✓ 防护罩
服务设施设备	安保设备	✓ 监控设备
	票务	✓ 自动售票机
	商业服务	✓ 购物 ✓ 小汽车 / 自行车租赁
	等候设施	✓ 候车室 ✓ 卫生间 ✓ 餐饮 ✓ 通信 ✓ 行李寄存 ✓ 特殊服务 ✓ 载人服务

资料来源：European Commission. 1999. PIRATE.

伦敦客运枢纽设计和评价框架 表 3-1-4

框架	评价方面	评价问题
有效性	旅客作业流线运转	✓ 枢纽不同场站功能间的平衡和衔接如何？ ✓ 枢纽设计提供的设施能力是否能够满足客流需求？ ✓ 公共交通服务是否协同？ ✓ 票务的布设组织是否协同？ ✓ 购票地点是否清晰标示？旅客在不同功能区域间移动是否有明确指引？ ✓ 枢纽是否安全？ ✓ 维护是否便捷有效？ ✓ 临时信息在何处公布？ ✓ 出入口设计是否使得枢纽能高效地提供服务？
	枢纽内部设施的运转	✓ 服务设施是否便捷可达？ ✓ 是否对接驳的运输方式通过可达优先排序的方式来满足旅客和运营需求？ ✓ 客流冲突点是否降到最小？ ✓ 行人步行流线是否畅通？

续上表

框架	评价方面	评价问题
有效性	枢纽与整个区域之间的运转	✓移动组织模式是否清晰? ✓与周边区域来往路线是否优化? ✓接驳运输方式的设施是否合宜? ✓枢纽区域与外部设施是否衔接良好?
	可持续性	✓枢纽是否耐久? ✓所用材料是否具有高质量、耐用且可持续? ✓枢纽设施的设计管理对环境是否敏感且节能?
可用性	可接入性	✓枢纽区域是否都可采用非步梯形式到达? ✓是否在平层提供所有服务？ ✓是否明确标示了无障碍和步梯路径? ✓扶梯和直梯位置及设计是否优化? ✓是否有工作人员帮助旅客?
	公共安全和事故预防	✓枢纽设计是否满足所有应急及安全需求? ✓潜在风险是否降到最小? ✓旅客候车区是否安全?
	旅客人身安全	✓是否就环境设计预防犯罪征询专家意见? ✓是否专门设计独立的安全场所? ✓设施平面布局是否便于安全监管? ✓闭路监控系统应用是否合理有效? ✓是否使用防蓄意破坏的装置?
	环境保护	✓枢纽区域是否提供季节性保护和管控?
可理解性	易读性	✓枢纽设施布局是否便于用户寻路查找? ✓灯光设计是否有助于标示路径、突出目标地? ✓标识表面和材料是否明显并具备物理上的对比差异? ✓基础设施和街道附属设施是否合理?
	可渗透性	✓枢纽区域与内部、外部衔接是否便利? ✓枢纽是否促进付费/控制区域穿行? ✓与周边区域交流是否顺畅?
	寻路	✓指路设计和标志标示是否清晰直观? ✓标示和灯光设计是否便于指示旅客移动，同时最小化客流障碍? ✓是否采用技术手段指导旅客寻路? ✓是否明确标示了无障碍和步梯路径? ✓枢纽空间是否保留不同运输方式的特色? ✓工作人员是否明显可见、便于联系，向旅客提供帮助?
	服务信息	✓服务信息是否满足所有旅客需求? ✓出行前相关信息的发布时间和地点是否满足实际旅客需求? ✓出行过程中相关信息的发布时间和地点是否满足实际旅客需求? ✓实时信息是否清晰可见?发布的时间地点是否满足实际旅客需求?

续上表

框架	评价方面	评价问题
服务品质	感知性	✓枢纽设施是否满足用户、运营方和所有人的需求？ ✓枢纽设施是否提升旅客体验度？ ✓枢纽衔接性是否最为便捷且容易感知？ ✓枢纽区域在整洁、舒适和安全方面是否体现高水准？ ✓枢纽区域材料和工艺质量是否满足最低预期？
	建设设计质量	✓枢纽设施布局是否便于用户寻路查找？ ✓材料和工艺是否有助于提升枢纽的换乘体验？ ✓枢纽区域所用材料和工艺是否符合伦敦交通局相关标准？ ✓枢纽区域周边景观要素是否创造附加价值？
	城市范围	✓提供的空间和规模是否满足目前和未来用户需求？ ✓枢纽区域内活动是否为区域增值、提升便利性？ ✓枢纽区域设计是否与城市环境和发展背景融合一致？ ✓是否认为空间设计开放、互通、安全？
	位置感	✓周边区域是否具有功能和特色？ ✓枢纽区域与外部设施是否衔接良好？ ✓设计质量是否为当地片区创造实际增加价值？ ✓枢纽区域商业设施是否布设合宜？ ✓标志性建筑和景观是否与枢纽特色相辅相成？

资料来源：Transport for London (TfL). 2009. Interchange Best Practice Guidelines. London.

亚行关于中国换乘枢纽评价框架　　表 3-1-5

角度	评价方面	具体评价内容
换乘枢纽及周边区域的战略规划	区域连通性	✓在城市区域范围内，换乘枢纽是长期城市发展战略当中不可分割的一个组成部分。 ✓换乘枢纽（位于市中心内部或外部）与公共交通系统之间具备良好的内外连通性（传统铁路、捷运、轻轨和快速公交系统等），并且与城市其他地区之间妥善相连
	城市场所营造	✓换乘枢纽不仅局限于其运输功能，而是作为多元与活力城市中心的核心，集成了高密度、多功能土地利用，其中包括工作场所、住宅以及零售业用地。因此，换乘枢纽是公共交通导向型发展的催化剂，这同时体现在现有市中心和新开发地段方面。 ✓换乘枢纽与周围城市结构完美整合，作为发展重点，发挥关键性作用，但仍需确保换乘枢纽网络内的旅程线路通达性，不要成为实体空间障碍并阻碍自由移动。 ✓可从外部各个方向进入到换乘枢纽网络当中，与周边社区有效相连，配备路线清晰并可直达的步行和自行车路线，打造具有吸引力，同时得到良好利用的公共领域
	枢纽多式联运	✓换乘枢纽与其他公共交通方式完美结合（铁路、捷运、轻轨、快速公交系统和公交系统），换乘体验便捷且独具吸引力，带动沿线经济利益与活动区域的发展。 ✓换乘枢纽配备完善的汽车通行与停车设施，包括行动不便者专用设施。设有出租车落客和载客专区。 ✓换乘枢纽配备面积广阔的自行车专用停车设施，同时提供自行车租赁和自行车修理服务。 ✓换乘枢纽设有具吸引力的步行线路，从内部和外部通往周边区域

续上表

角度	评价方面	具体评价内容
换乘枢纽组织和运营效率	枢纽组织和用途隔离	✓细致规划换乘枢纽，针对不同换乘功能妥善配置空间，比如进站口、候车区、零售商业区、轨道区、通往其他公共交通通道和出站口等。具备足够的承载能力，可以满足未来的预期需求。 ✓不同交通方式之间的换乘直接、简单，步行距离与换乘时间短。 ✓空间规划良好，避免了不必要的排队等待，解决了过度拥挤、复杂不便等问题；在充分考虑未来服务能力的同时，确保规模并未过大。国家法定节假日期间的激增需求也可得以妥善满足。 ✓包括购票在内的所有活动都是交通换乘当中不可分割的一部分，所有活动有充足空间，无换乘枢纽外排队等待问题
	行人通道、安全性和人身安全	✓换乘枢纽提供方便大众的设施并提供安全、可靠、舒适的环境。 ✓针对进入换乘设施内部的必要安保检查工作，已经开展细致评估及合理证明。如有需要，应完善布置安检所在位置，为乘客提供便捷进入枢纽的服务，无须排长队。 ✓同样，车票检查关口设计缜密，如有需要，可配备自动检票设施，解决了乘客排长队，等待时间过长等问题
	进出换乘枢纽	✓换乘枢纽与便捷的多式联运息息相关，包括能提供高品质行人和自行车通道在内。站前广场具吸引力且得到良好利用，与周边社区直接相连。 ✓所有与人行道和自行车道拥堵有关的问题均已得到解决，例如周边道路网或铁路线拥堵问题。 ✓换乘当地公交公交服务，途径快速直接、易于理解。 ✓在出租车专区，为乘客提供良好舒适的候车环境，光线充足，通风良好。出租车空间足够，管理有序，避免了不必要的排队等车问题
	新建、适应性再利用和保存	✓在重建换乘车站时，尽可能保留历史性建筑、外观或建筑特色
	低能耗和低碳设计	✓开展换乘枢纽设计时，以大大减少能源消耗，降低二氧化碳排放量为目的。设计特点包括采用太阳能电池板、冷热电三联供系统和能源管理系统等
用户体验	建筑设计和公共领域	✓换乘枢纽的设计目的是根据空间需求，不管是穿梭、候车、购票或上车等多个环节，都能提供适当的空间、规模与光线条件。 ✓公共领域具吸引力，让乘客在使用时感受放松和舒适
	等候和座位区	✓座席和候车区空间宽敞舒适，均匀分布在整个换乘空间内部。 ✓为候车乘客提供无线网络（WiFi）、儿童看护设施和娱乐设施等服务
	可识别性和穿透性	✓换乘枢纽易于通达，视线可及换乘目的地和周围活动区，具稳定性且高质量建筑材料及配套设施。 ✓光线充足，信息明确且清晰。
	信息、寻路指示和票务系统	✓为乘客提供多种途径，助其获取时间表和票价信息，包括出发和到达时间，以及实时延误信息等。 ✓标识和通路标识线易于阅读，保持内容的一致性，便于乘客在换乘区域内自由通行。为包括行动不便人士在内的所有乘客提供面对面帮助服务。 ✓提供换乘枢纽范围以外的行人及公共交通旅程信息和地图。 ✓提供多种购票途径，包括购票窗口、自动售票机，支持网上购票和车票自助打印功能。 ✓设立综合性票务系统，将不同交通运输供应系统整合，使购买直达家门口的交通卡或单程票成为可能

续上表

角度	评价方面	具体评价内容
用户体验	提供零售服务和其他供应设施	✓ 换乘枢纽配备完善的商用设施，包括餐厅、咖啡馆和其他商业企业等。 ✓ 所有零售及其他活动区域容易接近使用，为乘客提供怡人且舒适的环境
	方便大众	✓ 包括出入通道、卫生设施和零售场所在内的所有换乘枢纽区域均以方便大众为最大考虑要素，包括行动不便者在内。 ✓ 换乘枢纽提供相应设施，为行动不便者、老年人、儿童及其父母或监护人以及携带重型包裹和儿童车的乘客提供支持与帮助
	维护和清洁	✓ 妥善维护换乘枢纽，保持高水平的清洁与卫生条件。 ✓ 承载力足够，卫生设施分布良好，配备高效清洁制度
	活力和趣味	✓ 换乘枢纽具有极强的活力，在视觉和听觉方面彰显趣味性，并辅以配套活动。换乘枢纽自身是一种充满活力和趣味的空间场所。 ✓ 艺术品、雕塑、壁画和现场表演能够完善旅行体验，为乘客提供可行集合点，打造令人记忆深刻的公共领域。 ✓ 组织开展季节性活动（展览或表演），优化用户体验

资料来源：改善中国交通换乘枢纽，实现更完善的多式联运轨道枢纽，亚洲开发银行，2015。

第2章 乘客及行人需求预测

2.1 需求预测的内容及方法

在综合客运枢纽的规划与设计阶段，需求预测的主要目的是确定枢纽内不同交通方式的到达及发送总量，以及旅客在不同交通方式的换乘量。需求预测的结果表现为各交通方式间的换乘矩阵（见表 3-2-1）。换乘矩阵是确定项目建设规模、平面布局方案的重要依据，对行人、车辆的交通组织、引导以及设施配置和安全应急等也有重要影响。

综合客运枢纽换乘矩阵示意 表 3-2-1

O \ D		对外交通			城市交通					到达总量 D
		民航	铁路	公路	公交	出租车	社会车辆	轨道交通	其他	
对外交通	民航	A_{11}	A_{12}	A_{13}	A_{14}	A_{15}	A_{16}	A_{17}	A_{18}	A_{1D}
	铁路	A_{21}	外—外 A_{22}	A_{23}	A_{24}	A_{25}	外—内 A_{26}	A_{27}	A_{28}	A_{2D}
	公路	A_{31}	A_{32}	A_{33}	A_{34}	A_{35}	A_{36}	A_{37}	A_{38}	A_{3D}
城市交通	公交	A_{41}	A_{42}	A_{43}	A_{44}	A_{45}	A_{46}	A_{47}	A_{48}	A_{4D}
	出租车	A_{51}	A_{52}	A_{53}	A_{54}	A_{55}	A_{56}	A_{57}	A_{58}	A_{5D}
	社会车辆	A_{61}	A_{62}	A_{63}	A_{64}	A_{65}	A_{66}	A_{67}	A_{68}	A_{6D}
	轨道交通	A_{71}	内—外 A_{72}	A_{73}	A_{74}	A_{75}	内—内 A_{76}	A_{77}	A_{78}	A_{7D}
	其他	A_{81}	A_{82}	A_{83}	A_{84}	A_{85}	A_{86}	A_{87}	A_{88}	A_{8D}
出发总量 O		A_{O1}	A_{O2}	A_{O3}	A_{O4}	A_{O5}	A_{O6}	A_{O7}	A_{O8}	A_{OD}

注：其他是指步行、自行车；A_{OD} 即为综合客运枢纽总换乘量。

换乘矩阵的获取，主要预测两方面内容：

（1）对外交通客运需求及集疏运结构预测

对外交通客运需求是水路、航空、铁路、公路等对外运输方式承担并进出城市的客运量，包括各种对外运输方式的旅客发送量、到达量。对外运输方式客运量的主要预测思路：根据城市社会经济发展及城镇化水平变化趋势，预测全社会对外客运总量；分析区域综合运输结构变化特征，根据不同对外交通方式分担比例，预测各对外交通方式客运量；根据综合客运枢纽中各对外交通方式场站在城市中的空间布局、功能分工、发送能力等，预测枢纽中该方式场站的到发量。对外运输方式客运量预测中可使用时间、人口、人均生产总值、人均收入、城镇化率等作为自变量，利用一元回归、多元回归、非线性回归、弹性系数法、人均出行次数法、灰色预测模型等方法。

除了预测对外交通客运需求外，还需要对枢纽年平均日系数、一般高峰日系数、极端高峰日系数、高峰小时系数、最高聚集人数等相关参数进行预测，可依据项目所在地节假日（国庆节、春节、清明节等）、春运期间的客流状况或现有类似枢纽调查进行标定，表 3-2-2 为上海虹桥综合客运枢纽高峰日 / 高峰小时系数。

上海虹桥综合客运枢纽高峰日 / 高峰小时系数　　表 3-2-2

对外交通方式	设计高峰日系数	极端高峰日系数	高峰小时系数
航空	1.1~1.15	1.2~1.3	0.1~0.12
铁路	1.2~1.25	1.4~1.5	0.08~0.1
磁悬浮	1.2~1.25	1.4~1.5	0.09~0.11
高速公路	1.2~1.25	1.4~1.5	0.12~0.14

对外运输方式集疏运结构预测主要确定水运、铁路（含城际轨道）、航空等对外运输方式所采用的地铁、公交、出租车、社会车辆等各类城市交通方式的比重关系。集疏运结构一般根据项目所在城市的具体情况，采用经验比例法或构造数学模型的方法进行预测。经验比例法主要是根据城市既有对外交通方式客运场站中集疏运结构比例的现状数据，参考国内外同类项目，并结合城市交通发展战略和专家经验，预测确定集疏运比例。当城市居民出行数据较为完善时，可考虑利用 Logit 方法或重力模型法来计算不同交通方式的分担比例。影响对外运输方式集疏运结构的主要因素见表 3-2-3。

对外运输方式集疏运结构的影响因素　　表 3-2-3

方式	主要影响因素	对枢纽设计的影响
轨道交通	轨道交通线网布局	确定轨道交通站规模和交通组织
公交	公交线网布局	确定公交站规模和交通组织
出租车	出租车保有量	出租车上下客区域、蓄车场设计、车道边宽度
社会车辆	小汽车保有量、道路网结构、公共交通服务水平	下客区车位数、停车库车位数、车道边宽度

续上表

方式	主要影响因素	对枢纽设计的影响
步行	枢纽站周边用地规划（是否是 TOD 模式）、步行道与枢纽的衔接情况	步行区域及步行设施设计
摩托车	枢纽位置、城市摩托车出行特征	摩托车车位数
自行车	枢纽位置、城市自行车出行特征、自行车道规划及其与枢纽的衔接	自行车车位数及自行车车道设计

根据对中国综合客运枢纽的调研分析，航空主导型枢纽的小客车、出租车集散比例一般均维持在 30% 以上；在城市轨道交通线网发达的城市中，铁路主导型和公路主导型枢纽，小客车、出租车的集散比例在城市中心区域可能降低到 20% 以下。

（2）城市交通及商业项目吸引客流预测

由于多元化的功能及城市交通资源密集的特性，综合客运枢纽城市交通及商业项目吸引客流主要指枢纽内配套各类城市交通方式吸引的客流、周边开发及配建商业项目吸引客流以及枢纽内工作人员通勤及接送客流。

①配套各类城市交通方式吸引的客流主要根据常规公交、轨道交通服务范围内的用地性质、服务人口数，结合城市居民出行次数、出行方式选择比例等预测得到。此部分预测要考虑城市公共交通线网规划情况，根据不同公共交通线路及站点的服务区域，合理划分枢纽内城市公共交通的服务范围。

②商业项目吸引客流包括两类，一是经由枢纽出行或换乘，兼有购物需求的客流，二是专程到综合客运枢纽进行商业消费的客流。第一类客流预测在对外交通客流预测中予以考虑。第二类客流即专门以枢纽内商业项目为出行终点，主要是由于枢纽经济开发功能而诱增的客流，可按下式进行计算：

$$\text{商业项目吸引客流} = \text{商业项目建筑面积} \times \text{商业吸引率}$$

商业吸引率可根据配建商业项目的性质、规模，参照同类项目取值进行计算。

③综合客运枢纽建成运营后，会带来一定数量在综合客运枢纽内提供服务的工作人员，工作人员的通勤出行主要通过城市交通方式完成。这部分工作人员的通勤出行需求量可根据不同城市交通方式的发送量选取适当比例计算，该比例可通过实地调查或类比方式选取。枢纽内城市交通集散的客流还包括接送人员进出枢纽产生的客流，这部分客流可根据对外交通到发量预测结果，结合到发接送比例确定。根据调查，目前中国综合客运枢纽接送比例一般在 10%~20% 之间，接送客系数一般在 1.1~1.2 之间。

根据对外交通客运量预测、集疏运结构预测、城市交通及商业项目的吸引量预测等结果，进一步结合相关因素，对旅客换乘矩阵中的“外—外”“外—内”和“内—外”“内—内”各部分换乘需求进行细化分析，整合得到旅客换乘矩阵。

综合客运枢纽换乘矩阵的预测年限应协调统一。按照分类方法，以枢纽内主导方站场的设计年度为预测年限，其他交通运输方式站场的客流预测年限应与此年度保持一致；如果其他交通运输方式站场设计规范所规定的设计年度与此不一致时，从整体枢纽建设发展的前瞻性角度，应考虑在站场规划时预留用地规模，保障枢纽总体使用效果，表 3-2-4 为既有单一运输方式客运站场规范界定的设计年度。

既有单一运输方式客运站场规范界定的设计年度　　表 3-2-4

单一运输方式站场类型	设计年度 / 规划年
铁路客运站	近期为交付运营后第 10 年，远期为交付运营后第 20 年
公路、港口客运站	车站建成投产使用后第 10 年
民航机场	近期为 10 年，远期为 30 年
城市轨道交通站	按项目建成通车年为基准年，分初期、近期和远期，初期为建成通车后第 3 年，近期为第 10 年，远期为第 25 年

2.2 综合客运枢纽旅客换乘量预测中应重点关注的问题

①准确把握项目功能定位

需求预测首先要准确把握枢纽的功能定位与服务要求，明确枢纽的主要交通功能、辐射服务区域、集散交通方式要求、周边开发趋势等前置条件。预测既要考虑换乘量需求，也要考虑由于换乘客流、车流带来的集疏运需求，还要考虑由于 TOD 开发诱增的交通需求等。

②客观评价城市交通条件

枢纽与城市之间存在较大规模的集散需求，因此需求预测要合理把握并预测各种城市交通需求，对枢纽周边及城市背景交通现状、现有交通网络条件有比较清晰的认识，也要对城市交通规划进行全面梳理和客观评价，为枢纽配套的城市轨道交通、快速路等交通设施提供客观准确的数据，既防止盲目扩大规模，又避免交通集散能力不足。

③加强市场调研

需求预测应根据枢纽实际情况，加强对枢纽所在城市客流数据的调研，结合规划设计实际需要，采取灵活的手段获得较为合理完整的换乘量预测结果。

④预留预测的弹性空间

需求预测过程中应参照同类已运营项目相关数据和经验，综合考虑未来城市发展需要及资源、环境等诸多约束条件，增加一定的预测弹性变化范围，为未来交通设施预留发展空间。

2.3 设施需求规模测算

综合客运枢纽建筑规模可按照枢纽内不同交通方式站场的建筑面积以及公共换乘区域建筑面积之和进行计算。

①各交通方式站场的建筑规模，可根据中国已有规范确定。表 3-2-5 为单一交通方式客运站场建筑规模测算依据。

单一交通方式客运站场建筑规模测算依据　表 3-2-5

场站类型	计算规范	测算依据
公路客运站	《汽车客运站级别划分和建设要求》（JT/T 200—2004）、《交通客运站建筑设计规范》（JGJT 60—2012）	设计年度平均日旅客发送量（人次 / 日）、旅客最高聚集人数（人）、日均发车班次和发车位数
铁路客运站	《铁路旅客车站建筑设计规范》（GB 50226—2007）、《铁路车站及枢纽设计规范》（GB 50091—2006）	普速铁路—旅客最高聚集人数（人），客运专线—高峰小时发送量（人次 / 小时）、日均旅客发送量（人次 / 日）
民用机场	《民用机场工程项目建设标准》（建标 105—2008）	高峰小时旅客吞吐量（人次 / 小时）、年旅客吞吐量（万人次）
港口客运站	《交通客运站建筑设计规范》（JGJT 60—2012）	设计年度平均日旅客发送量（人次 / 日）
轨道交通站	《城市轨道交通工程项目建设标准》（建标 104—2008）、《城市轨道交通技术规范》（GB 50490—2009）、《地铁设计规范》（GB 50157—2013）	超高峰设计客流量（人次 / 小时）
常规公交站	《城市道路公共交通站、场、厂工程设计规范》（CJJT 15—2011）	按每标车用地面积计算，铁路站附近的公交停车场根据最高聚集人数或高峰小时发送量计算
停车场	《城市公共停车场工程项目建设标准》（建标 128—2010）	公共停车场按标准车停车位计算，与各种运输方式衔接的停车场按照高峰小时吸引客流量计算

②公共换乘设施规模可按照水平连接设施和垂直连接设施分别测算，相应测算方法见表 3-2-6。

水平连接设施规模计算方法

表 3-2-6

设施名称		计算公式	公式中参数含义	设施说明
换乘大厅		$S_{hall}=\sum_{i=1}^{n}\sum_{j=i}^{n}\frac{2\times\sigma\times q_{ij}\times L_{hall}}{3600\times\rho_p\times v_p\times u_j}$	n 为枢纽中交通方式的种类数；σ 为超高峰系数，通常取 1.2~1.4；q_{ij} 为高峰小时第 i 种与第 j 种交通方式的换乘量（人次 / 小时）；L_{hall} 为客流的平均步行距离（米）；ρ_p 为在设计服务水平 p 条件下的平均行人密度（人 / 平方米）；v_p 为在设计服务水平 p 条件下的平均步行速度（米 / 秒）；u_j 为第 j 种交通方式换乘客流占总换乘量的百分比（%）	连接通道、站台、售票厅、候车厅等功能区旅客最主要的活动区域，是设计换乘流线关键因素。换乘大厅的建筑面积主要考虑换乘客流步行所需面积
站前广场（交通）		$S_{square}=\sum_{i=1}^{n}\alpha_i N_i L_{ip}$	α_i 为第 i 种交通方式服务水平的修正系数，一般取 1.0~1.2；N_i 为第 i 种交通方式的最高聚集人数（人次）；L_{ip} 为在设计服务水平 p 条件下第 i 种交通方式站前广场旅客活动地带用地指标（平方米 / 人）	供旅客进出枢纽集散、换乘用的广场，设置休息、便民服务设施及高峰季节设置临时售票点等
通道设施	进站通道宽度	$Bin_i=\frac{q_{in}\times\sigma\times\varphi_i}{C\times\alpha_{los}}$	q_{in} 为高峰小时的进站客流量（人次 / 小时）；φ_i 为第 i 个进站通道类设施所服务的客流量占整个进站客流量的百分比(%)；C 为通道的通过能力（人 / 米 / 小时）；α_{los} 为相应服务水平下的通道设施饱和度	进站客流的到达可认为是单个随机的，前后旅客之间不具有关联性，对设施服务时间无要求
	出站通道宽度	$Bout_i=\frac{q_{out}\times\sigma\times I_m\times\beta_i}{C\times T\times\alpha_{los}}$	q_{out} 为高峰小时的出站客流量（人次 / 小时）；I_m 为对外运输方式（航空、铁路、公路）旅客到达的平均间隔时间（秒）；β_i 为第 i 个出站通道类设施所服务的客流量占整个出站客流量的百分比（%）；T 为每次疏散对外运输方式出站客流所需要的服务时间（秒）	出站客流的形成具有一定的周期性，并且客流到达相应设施系统是成批的，要求设施在一定的时间段内完成服务
	换乘通道宽度	$Bt_{ij}=\frac{q_{ij}\times\sigma\times\rho_p\times\gamma_{ij}}{3600\times v_p}$	q_{ij} 为高峰时段每小时第 i 种与第 j 种交通方式的换乘量（人次 / 小时）；γ_{ij} 为某通道换乘量占第 i 种与第 j 种交通方式旅客换乘量的百分比（%）	换乘客流主要考虑旅客舒适程度，即行人密度和步行速度

注：水平连接设施均应按照超高峰客流量进行设计，不仅要满足集散换乘客流的需要，还要保证旅客集散换乘安全、疏导迅速等，超高峰系数通常取 1.2~1.4。步行通道的通行能力取决于行人步行速度、人流密度及步行通道的有效宽度。

水平连接设施规模的确定涉及服务水平、平均行人密度、平均步行速度和旅客活动地带用地等指标。为了避免两种方式换乘的服务水平规定的计算标准不同，防止出现同一综合客运枢纽内服务水平的变化，两种方式换乘时可采用取优先级高的一方的服务水平作为计算依据。根据各种运输方式对服务水平的要求以及旅客在不同运输方式场站行为特征的不同，提出参考的服务水平优先级为：机场 > 铁路 > 公路。

站前广场的功能可分为交通功能和城市广场功能。交通功能可按照表 3-2-6 公式计算。城市广场功能主要包括城市景观功能、提供各种信息的服务功能以及防灾避难功能。一般情况下，城市广场功能面积为交通功能面积的 0.5 倍。图 3-2-1 为综合客运枢纽站前广场规模示意图。

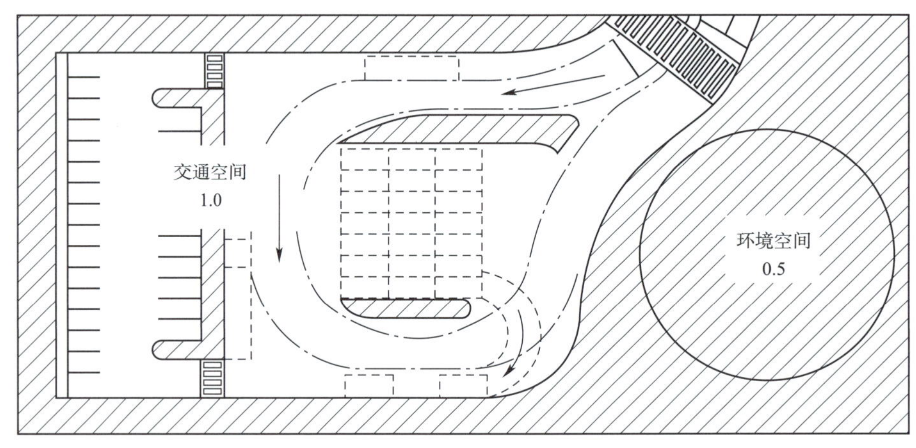

图 3-2-1 综合客运枢纽站前广场规模示意图

从当前中国枢纽设计实践数据比较看，中国站前广场面积一般是日本同类设施的 3 倍左右，即城市景观广场功能面积过大。

通道类设施通常情况下以步行通道为主，其通行能力取决于行人步行速度、人流密度及步行通道的有效宽度。目前中国尚没有步行通道服务水平的标准，在测算通道宽度时，可在借鉴国外相关经验数据基础上，结合我国客流及管理特点，单向通道的最小宽度不宜小于 3 米，并给予一定应急安全空间的预留，表 3-2-7 为借鉴日本的换乘通道案例设定的基于服务标准的通道宽度，表 3-2-8 为垂直连接设施规模计算方法。

专栏　国内外对水平类连接设施服务水平的规定

国际航空运输协会《Airport Handling Manual》机场服务水平分级（单位：平方米/人）

服务区域 \ 服务水平	A	B	C	D	E
等候休息处	2.7	2.3	1.9	1.5	1
签到处	1.8	1.6	1.4	1.2	1
候机处	1.4	1.2	1	0.8	0.6
行包提取处	2	1.8	1.6	1.4	1.2

美国《公交通行能力和服务质量手册》排队和等待区域服务水平

服务水平	人均面积（平方米/人）	平均人间距（米）
A	>1.2	>1.2
B	0.9~1.2	1.1~1.2
C	0.7~0.9	0.9~1.1
D	0.3~0.7	0.6~0.9
E	0.2~0.3	<0.6
F	<0.2	不定

中国标准：

铁路：《铁路旅客车站建筑设计标准规范》（GB 50226—2007）条文说明中对旅客活动地带用地规定为1.83平方米/人的标准；

公路：《汽车客运站级别划分和建设要求》（JT/T 200—2004）规定，一、二级车站站前广场按1.2~1.5平方米/人计算；

城市轨道：根据《地铁设计规范》（GB 50157—2013），考虑到进出站客流不均匀系数（1.1~1.25）及超高峰小时系数（1.1~1.4），得到旅客活动区域人均面积为1.3~1.5平方米/人。

专栏　国内外对通道类设施服务水平的规定

美国《公交通行能力和服务质量手册》步行通道服务水平

服务水平	人均面积（平方米/人）	平均步行速度（米/分钟）	设施饱和度
A	>3.3	79	0~0.3
B	2.3~3.3	76	0.3~0.4
C	1.4~2.3	73	0.4~0.6
D	0.9~1.4	69	0.6~0.8
E	0.5~0.9	46	0.8~1
F	<0.5	<46	可变

美国《道路通行能力手册HCM 2010》行人通道服务水平

服务水平	人均面积（平方米/人）	通行能力（人/时·米）	速度（米/秒）
A	>3	1440	1.2
B	2~3	1830	1.1
C	1.2~2	2500	1.0
D	0.5~1.2	2940	0.8
E	<0.5	3600	0.6

中国标准：

《城市轨道交通技术规范》（GB 50490—2009）规定通道最小宽度为2.4米。

基于服务标准的通道宽度（米）　　表3-2-7

枢纽级别	服务水平由高到低			
	A	B	C	D
特大型	30	24	15	10
大型	24	18	12	8
中型	18	12	8	6
小型	6	6	6	6

注：此表为借鉴日本的换乘通道案例设定的，通道最小宽度为6米。

垂直连接设施规模计算方法　　表 3-2-8

设施配置	影响因素	已有规定	配置方法与推荐值
步行楼梯	步行楼梯宽度影响旅客通过人群移动的能力及移动的速度。楼梯宽度是由楼梯服务水平（通行能力）及高峰时段上下楼梯旅客流量所决定的，当服务水平（设施饱和度）接近 1 时，即达到楼梯的通行能力。楼梯宽度设置时还应充分考虑方向性的移动	《城市轨道交通技术规范》（GB 50490—2009）规定单向和双向公共区人行楼梯最小宽度分别为 1.8 米和 2.4 米。《地铁设计规范》（BG 50157—2013）中规定 1 米宽楼梯下行每小时最多通过 4200 人次，上行每小时最多通过 3700 人次，双向混行每小时最多通过 3200 人次。《民用建筑设计通则》（GB 50352—2005）中规定每股人流宽度为 0.55 米 +(0 ~ 0.15) 米。美国《公交通行能力和服务质量手册》规定设施饱和度接近 1 时，1 米宽步行楼梯单向每小时最多通过 3300 人次。《HCM 2000》规定 1 米宽步行楼梯单向每小时最多通过 3000 人次	通常自动扶梯与步行楼梯相邻设置，若两种交通设施之间高峰小时换乘量超过 1 万人时，必须设置 1 部步行楼梯和 1 部自动扶梯。有些路段全部用自动扶梯，则上下方向至少各设 1 部。 推荐值：按照 1 米宽楼梯双向混行每小时通过 3500 人次，1 米宽自动扶梯，输送速度为 0.5 米 / 秒时每小时最多通过 8000 人
自动扶梯	自动扶梯用于旅客中转换乘使用，是对楼梯的补充，通常相邻设置，有些旅客流量大的路段可能全部使用自动扶梯。自动扶梯的通行能力主要取决于扶梯的传输速度及踏板的宽度，宽度按照高峰时段乘坐自动扶梯的旅客流量除以扶梯通行能力得到	《地铁设计规范》（BG 50157—2013）中规定 1 米宽自动扶梯，输送速度为 0.5 米 / 秒时，每小时最多通过 8100 人次，输送速度为 0.65 米 / 秒时，每小时最多通过 9600 人次 美国《公交通行能力和服务质量手册》规定 1 米双人宽自动扶梯，设施饱和度为 0.4 时，每小时最大输送能力为 4080 人次，设施饱和度为 0.6 时，每小时最大输送能力为 5400 人次	
垂直电梯	垂直电梯主要为高龄、行动不便、搬提重物者以及孕妇等特殊需要旅客而设置。垂直电梯通行能力取决于电梯运行时间、电梯容量和旅客进入 / 离开电梯的模式特征等。配置垂直电梯数量按照在旅客可以忍受候梯时间内，乘坐垂直电梯人数除以电梯容量得到	垂直电梯服务水平是以旅客候梯时间和拥挤水平为依据，拥挤时人均占据空间大约为 0.17 平方米 / 人，舒适时至少要达到 0.28 平方米 / 人。由于垂直电梯服务的旅客特殊，并考虑到旅客到达的随机性，因此乘坐垂直电梯的需求人数可按照设置电梯区域所属运输方式高峰小时换乘量的 10%~15% 得到	根据特殊旅客需求，一般在大型综合客运枢纽或机场出入口处配置两部垂直电梯，方便换乘出租车、社会车辆等城市交通方式

第3章 综合客运枢纽平面布局设计指南

3.1 平面布局设计内容、目标、原则与要求

（1）设计内容

平面布局是指在综合客运枢纽服务功能、换乘关系、需求规模明确的前提下，综合考虑功能要求、建设条件等方面的因素，对枢纽内部不同交通方式的功能空间组织方案进行统筹考虑、总体设计。平面空间布局合理与否直接决定了枢纽能否实现多种运输方式间的有效融合、旅客换乘的方便快捷、工程方案的经济合理，这是设计的关键环节。

枢纽平面布局设计主要包括三部分内容：明确综合客运枢纽主体设施的空间布局方式；设计提出枢纽内部不同功能空间的组织方案；完善枢纽外部衔接交通设施的配置方案。

（2）设计目标与要求

①功能完善，需求为先

平面布局设计首先应满足枢纽节点对旅客出行、中转换乘以及餐饮、休憩、购物娱乐等各种功能的需求。各交通方式的站房功能空间应满足该交通方式预测年限高峰小时发送量或者最高集聚人数的要求；换乘功能空间应满足高峰小时换乘量的要求。

②高效集约，换乘便捷

高效集约是综合客运枢纽空间布局设计的基本原则，包括空间布局和运营两方面。空间布局方面，为实现枢纽用地的集约化、将换乘距离控制在合理范围内，需要实现枢纽空间布局的紧凑、集约。运营方面，枢纽建设时应尽可能将各交通方式直接引入枢纽，实现各种运输方式运行的高效顺畅、组织调度上的统一与协调，组织开行密度高、速度快、停站少、直达率高的公共交通，使旅客随到随走，以满足旅客对于快速、便捷出行的需求。

换乘便捷是综合客运枢纽空间布局设计的内在要求。空间布局要满足旅客对便捷舒适出行的需求，将各种交通方式间换乘时间最小化、换乘质量最优化，还要将不同交通方式结合成一个有机衔接的运输全过程，保证每个环节都能为旅客提供安全、快捷、舒适、经济的服务。

③统筹考虑，系统最优

综合客运枢纽是多种交通方式与辅助设施结合而成的一个整体系统，为到发旅客提供服务。由于涉及多种交通方式、多类旅客流线、多个分管部门，仅实现某两种或几种交通方式最优化的布局方案，不一定能够实现枢纽整体系统的最优布局。

④公交优先，慢行舒适

公交优先主要体现在轨道交通优先和大载客率的地面快速公交优先两方面。轨道交通布局宜尽量靠近主导交通方式。大载客率的地面公交车站宜靠近主导交通方式，采用车道边形式，由高架步道联系主导交通方式的到达层，使得旅客步行距离短。加强公共交通与慢行系统的衔接，围绕行人集中的区域设置公共自行车等慢行活动区域。

（3）设计原则

原则 1：换乘量最大的两种交通方式之间换乘距离或换乘时间最短。

图 3-3-1 所示的枢纽内公路—铁路、公路—公交、铁路—公交、公交—公交四种方式之间换乘量为最大，平面布局设计中应给予优先考虑。

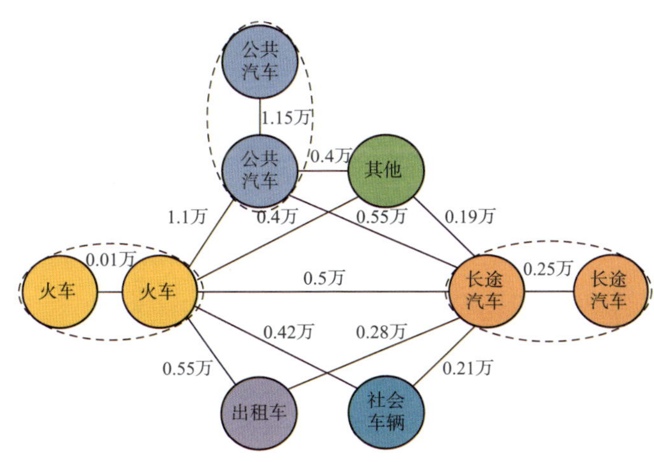

图 3-3-1　综合客运枢纽各交通方式换乘关系示意图（单位：人次）

原则 2：坚持一体化规划设计原则，鼓励同站换乘、立体换乘。

一体化的综合客运枢纽在平面布局时应满足：两种及以上对外运输方式位于同一建筑体内，或两种及以上对外运输方式的主体建筑（站房、到发车位）贴邻建设，换乘功能空间直接连通，让旅客切实感受到“零距离换乘”带来的高品质综合客运服务。

属平面衔接类型的综合客运枢纽应有相应的可提升旅客舒适度的换乘设施（如自动步行道、风雨廊等），枢纽内各交通方式的换乘距离不宜超过 300 米，且换乘时间控制在 5 分钟以内。对于部分特殊情况，如改扩建项目受用地条件限制、枢纽客流量过大需要考虑安全缓冲等，可适当放宽标准，换乘距离最大应控制在 500 米以内。

3.2 平面布局设计方法

（1）枢纽内功能空间划分

根据主体服务功能的不同，综合客运枢纽的功能空间分为五类：站房功能空间、换乘功能空间、交通功能空间、服务功能空间、商业娱乐功能空间，后两种可统称为服务、商业娱乐功能空间。

综合客运枢纽涉及多种交通方式和多个功能重复的空间，在设计时，应尽量将各种交通方式的站房空间、服务空间、商业娱乐空间等集中布设，不建议每种交通方式都设置各自齐全的独立功能空间。同时，在不影响枢纽公共换乘功能的前提下，服务空间和商业娱乐空间可以选择灵活机动地布置在站房空间和换乘空间内部。

（2）空间关联程度分析

空间关联程度分析是指对综合客运枢纽内部各类功能空间之间的联系强弱进行分析，主要依据是单位时间内各功能空间的旅客往来数量，具体分以下两种情况（图 3-3-2）：

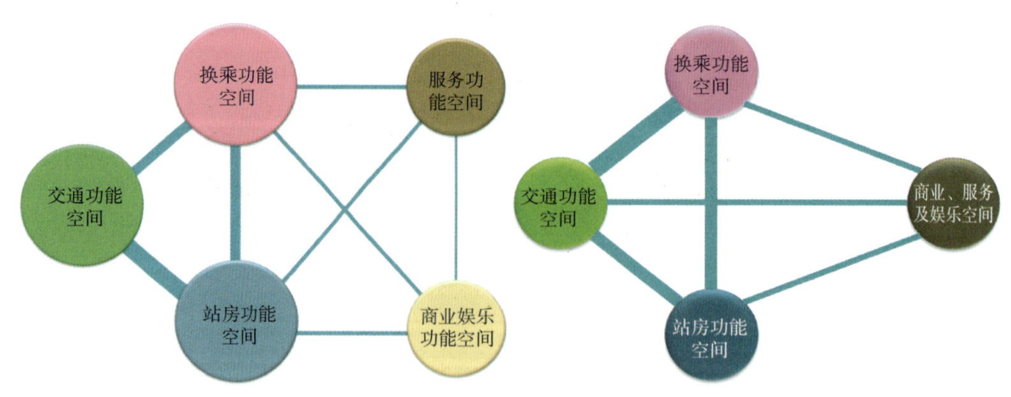

图 3-3-2　综合客运枢纽功能空间关联度分析示意图

①若枢纽内对外客运方式与城市交通方式间客流换乘量较大时，站房功能空间的主体地位凸显，枢纽空间布局设计时宜将主导方式的站房空间作为核心要素，将其他功能空间围绕此中心进行布置。该种情况多体现在航空主导型、铁路主导型的综合客运枢纽空间布局中。

②若枢纽位于城区内部或作为规划的城市副中心，则枢纽中城市交通方式之间换乘的客流量可能较大，此种情况下，为保证枢纽便捷换乘功能的有效实现，换乘功能空间的布置往往是最为关键的要素。

（3）各类空间的组合形式及特点

综合客运枢纽典型的功能空间组织形式主要有三种，分别为通道式、中心式和立体组合式，不同功能空间组合形式的特点见表 3-3-1。

不同功能空间组合形式及特点　　表 3-3-1

类型	特　点	示　意　图
通道式	由换乘楼梯、地下通道、天桥、地面走廊等构成换乘通道，在平面或者竖向上连接不同功能空间。常见于现有不同运输方式站场设施改造整合成综合客运枢纽；受地形、地质或者管理体制因素影响，不同对外运输方式不易在同一地点、同一建筑体内实现系统功能	交通 站房 换乘 交通　交通 换乘 站房 交通
中心式	分为换乘功能空间中心式和站房功能空间中心式。常见于各运输方式站场相对独立、分散布置，只能通过换乘功能空间或站房功能空间衔接；已建枢纽改扩建时，可通过增加其他方式衔接构建枢纽；中小城市枢纽中的主导交通方式站房地位相对较高时，将其他功能空间围绕站房功能空间布设	交通 站房 换乘 站房 交通　交通 换乘 站房 换乘 交通
立体组合式	适用于多种运输方式站场集中布设，同步规划、同步设计、同步建设的综合客运枢纽；或者无法做到同期建设，可以对综合客运枢纽进行统一规划、设计	交通 站房 换乘 站房 交通　交通 站房 换乘 站房 交通　交通 换乘 站房 交通

在综合客运枢纽的实际规划设计中，以上三种空间组合形式可能在同一枢纽内体现，如铁路客站与公路站组合形式为通道式，与城市轨道站组合形式为立体式，与城市公交、出租车停车场组合形式为铁路站房中心式。无论采用何种组合形式，都要优先保证交通换乘功能。

（4）平面布置的影响因素及注意事项

①枢纽所在城市中的交通定位与条件

在人口众多的特大城市，当轨道交通线网发达、用地十分紧张时，在中心城区应首先考虑构建集约用地、换乘效率高的立体组合式的综合客运枢纽；在原有不同运输方式分散组合的聚集区域，现阶段旅客换乘量的规模并不大，可通过换乘通道、廊道衔接或者设置地下集散广场等方式实现不同运输方式有效衔接，为今后随着城市发展、旅客换乘量增加后的枢纽需要深化改造留有发展余地。

②枢纽类型及主导方式形态

对于铁路主导型综合客运枢纽，当铁路以高架或者地下形式进入枢纽时，除地面公共交通外，还有地铁或轻轨与之配套，则应首选立体衔接方式；对于中小城市航空主导型综合客运枢纽，虽然仅有道路运输一种方式与之接驳，但考虑旅客出行的上进下出模式，为了便于交通组织，可以采取立体组合式。

③枢纽换乘总量及换乘关系复杂度

一般情况下，换乘关系在 3~5 种之间，即两两交通方式之间的换乘并不复杂，通道连接式可作为首选；总换乘量超过日均 10 万人次以上时，换乘流线复杂（一般认为换乘流线 >10 种视为复杂状态），必须考虑立体组合式、分层或夹层的换乘方式来解决。一旦旅客总换乘量规模超过 50 万人次 / 日时，从客流密集等安全因素出发，需要考虑通过一个枢纽群或者建筑组合体形式来解决衔接问题。

④背景用地因素对衔接方式的影响

根据功能要求，在测算不同运输方式的建筑需求规模和占地规模时，必须要考虑公共换乘区域及用地因素。如果建筑需求总体规模远远大于用地指标（一般3倍以上时），容积率过高，依托平面组合方式难以组织换乘，就需要考虑立体组合式枢纽。

⑤合理的换乘距离与时间的选择

从提升服务水平角度考虑，综合客运枢纽平面布局设计时，应优先关注旅客换乘的步行距离和换乘时间，并应保持在一个合理区间范围内，将与客流方向集中旅客换乘最为便捷的交通行为采用紧凑相邻或立体换乘的布局方式，减小平面换乘总距离。

根据中国交通运输部补助的 80% 的枢纽项目统计，枢纽最短换乘距离在 50 米左右，最长换乘距离超过 500 米，平均换乘距离 250 米。中国综合客运枢纽平均换乘距离示意图如图 3-3-3 所示。

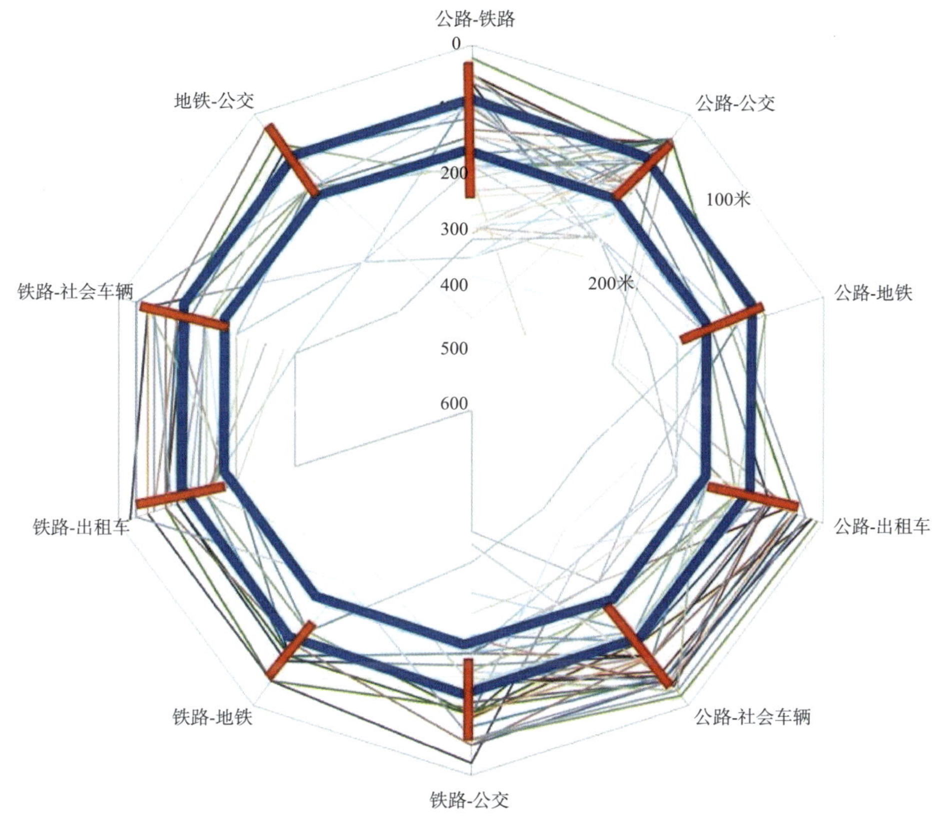

图 3-3-3　中国综合客运枢纽平均换乘距离示意图

日本和新加坡多为一体化综合枢纽，平均换乘距离在 50 米左右。图 3-3-4 所示为新加坡 Sengkang 枢纽。

基于中、日枢纽建设实践总结，给出换乘距离、时间的推荐值如下：在统一规划、统一设计理念指导下的综合客运枢纽，一般换乘距离应尽量控制在 200 米以内；对于综合了两种对外运输方式且换乘量达到年平均日 20 万人次左右的综合客运枢纽，最远换乘距离可适当放宽到 300~500 米以内；对于融合了多种对外运输方式、换乘量巨大的超大型综合客运枢纽，从安全因素考虑，对换乘距离可给予适当延长，最远在 600 米左右，但需要通过专用通道连接，或设置自动步行道等设施，且整体换乘时间应控制在 10 分钟之内。

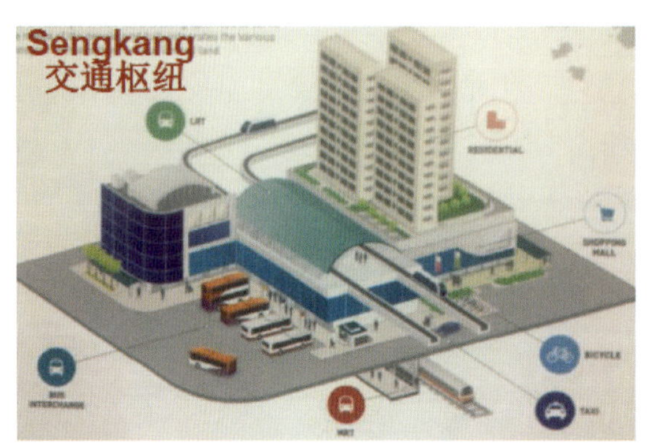

图 3-3-4 新加坡 Sengkang 枢纽

3.3 不同类型综合客运枢纽平面布局关注重点与注意事项

（1）航空主导型综合客运枢纽

航空主导型综合客运枢纽一般出现在枢纽机场或干线机场，大都在机场吞吐量达到一定规模时，需要规划建设新航站楼或者新跑道时，借助机场改扩建契机，引入多种集疏运方式。受航空方式服务功能和运行特点的影响，此类枢纽的客户人群对换乘时间和换乘舒适度的要求较高，因此联系比较紧密的集疏运方式主要为城市轨道、出租车、社会车辆，其次为常规公交、公路、铁路。航空主导型综合客运枢纽集疏运方式布置要点见表 3-3-2。

航空主导型综合客运枢纽集疏运方式布置要点　　表 3-3-2

集疏运方式	布置要点
城市轨道	城市地铁站宜布设在机场进出站厅的正下方；轻轨站可选择在距离机场出站厅最近的位置布设
出租车	宜采取“高架落客，地下或远距离蓄车，车道边近距离上客”的布设模式，将出租车蓄车场布置于距离枢纽换乘功能空间相对较远的位置，通过调度进入上客区
社会车辆	宜采用“高架落客，单向循环，独立停放”的布设模式，将其进出站道路和下客区与出租车合并在一起，上客区应选择距离出站口相对较近的地下空间大范围独立布置
常规公交	宜采用定点、定线、定时的快速公交模式，尽量利用车道边停靠或港湾式停靠模式组织，即停即走，采取快速公交上落点与蓄车场分离布设模式
公路长途客运	宜采用“线路固定，车道边换乘，枢纽外蓄车”的布局模式，无须建设实体的公路长途客运站
铁路	多采用平面组合式衔接的模式布设铁路站

（2）铁路主导型综合客运枢纽

铁路主导型综合客运枢纽是目前中国最常见的客运枢纽，该类枢纽规划和设计应从系统的角度向空间立体化、功能复合化、服务人性化等方向发展，总体布局模式也由传统的平面式向组合式和立体式转变。当铁路与城市交通方式间的换乘量相对较小时，设计时宜以铁路站房功能空间为中心，则换乘功能空间可以采用换乘通道、换乘大厅等形式。当铁路与城市交通方式间的换乘量相对较大时，设计时宜以换乘功能空间为中心，可采用通透明亮的换乘大厅的形式。

铁路主导型综合客运枢纽衔接交通设施布局宜紧凑设置，应“先站后场”，首先考虑轨道交通站厅层、地面常规公交上下客站、出租车上下客区、社会车辆停车库等，其次可考虑轨道交通站台层、地面常规公交停车场、出租车蓄车场等。因此与铁路主导型综合客运枢纽联系比较紧密的集疏运方式为城市轨道、常规公交，其次为出租车、社会车辆、公路。表3-3-3为铁路主导型综合客运枢纽集疏运方式布置要点。

铁路主导型综合客运枢纽集疏运方式布置要点　　表3-3-3

集疏运方式	布置要点
城市轨道	位于大城市的此类枢纽，至少引入一条城市轨道线路，出入口优先考虑布设在枢纽主体建筑内；当条件不允许时，也可以布设在站前广场，旅客通过广场进行平面换乘。如果旅客换乘步行距离较长，应考虑代步设施——自动步道、步行电梯的配置
常规公交	在城市中心区的枢纽，可引入多条公交线路或过境公交站点（或港湾式站点），即停即走；在城市新区或边缘地带的枢纽，可选择距离枢纽进出站口最近的位置或者广场周边的独立场地布设
出租车	利用高架桥或高架匝道作为出租车的上下客区域，以靠近铁路进出站的位置，并控制好出租车下客区所需的空间规模和上客区等候时的空间规模，配置适量足够的上客车位，快速疏解旅客
社会车辆	可以将其进站流线和下客位与出租车合并。大型枢纽可采用高架落客，在枢纽地下空间或者地面布设独立的社会车辆停车场
公路长途客运	位于特大城市中心的铁路主导型综合客运枢纽，若用地较为紧张时，可在靠近铁路进出口设置上落客点，而停车场适当远离铁路站（如专栏中的日本案例）；也可考虑由专用轨道交通或地铁系统作为纽带，将枢纽与近距离（2~3公里内）长途汽车站串联起来，形成网络式枢纽 在城市外围或者是中小城市的铁路主导型综合客运枢纽，应注意保证公路与铁路之间的便捷换乘，避免由于道路阻隔使两种运输方式换乘距离过长，在设计时，一般多采用平面或者组合的布局模式，通过广场、连廊或者换乘大厅进行衔接

专栏　日本铁路主导型综合客运枢纽案例

在日本，以铁路大阪站和新大阪站为主导的综合客运枢纽，均位于城市核心区，用地较紧张，因此靠近铁路进出口设置上落客点，将长途客运停车场设置在2公里左右，适当远离铁路站。

（3）水运主导型综合客运枢纽

水运主导型综合客运枢纽主要存在于沿海、沿江的大城市内或者旅游城市，表现为城市对外客运码头或者大型邮轮母港，连同配套的公路、公交等场站构成。此类枢纽受岸线影响较大，多采用平面布设。

①配套依托邮轮母港或始发港形成的综合客运枢纽，在布局过程中，可参照航空候机楼布局模式，一体化设置水运与集散交通功能空间，同时考虑与口岸通关、旅游专线或者机场城市候机楼等功能综合设置。

②该类枢纽在旅游旺季或假日期间会出现高峰客流，候车空间与停车场的设计应留有足够弹性空间，并注意提前考虑高峰期集散交通组织问题。

（4）公路主导型综合客运枢纽

公路主导型综合客运枢纽是结合城际轨道站或公路客运枢纽站，衔接多种城市交通方式共同构成。该类枢纽承担了大量的城市换乘枢纽功能，在空间条件允许情况下，应尽量紧凑布置各功能空间，缩短旅客步行换乘距离，减少各功能空间流线交叉。与公路主导型综合客运枢纽联系比较紧密的集疏运方式为城市轨道、常规公交，其次为出租车、社会车辆、城际轨道。表3-3-4为公路主导型综合客运枢纽集疏运方式布置要点。

公路主导型综合客运枢纽集疏运方式布置要点 表3-3-4

集疏运方式	布 置 要 点
城市轨道	优先考虑城市轨道与公路立体衔接模式，减少换乘距离，同时设置必要的集散广场，以兼顾旅客安全应急及换乘需要
常规公交	用地条件允许时，可将公交枢纽与长途客运主站房平面布设，但必须通过站前广场、地下通道、过街天桥等相衔接。在平面设计中一般将公交车的到达区与长途车的发车区相邻布置；公交车的发车区域与长途车的到达区相邻，缩短旅客步行换乘距离
出租车	对于大型枢纽，需要布设独立的出租车停车场和上下客区域，建议与枢纽主体建筑统一布设，如果站前广场面积较大，也可以选择在靠近出站口的站前广场上布设；对于中、小型枢纽，可以在最靠近出站口的站前广场或者站前道路上布设出租车临时停靠点以供旅客上下车，但应设置足够的出租车发车位
社会车辆	对于大型枢纽，可考虑设置与主体建筑立体换乘的地下停车场。对于中、小型枢纽，可以在站前广场距离进站口较近的位置或者长途客运停车场内部独立划分一个空间进行车辆停放
城际轨道（含市郊铁路）	新建大型枢纽一般采用立体布局模式，城际轨道站房和长途站房应尽量位于同一建筑体内。对于中、小型枢纽，城际轨道站场与长途客运站场一般可采用平面或者组合的布局模式，通过广场进行衔接换乘

3

第 4 章

综合客运枢纽换乘设施设计指南

综合客运枢纽换乘区域设施包括换乘设施和服务设施。

4.1 换乘设施的功能及设计要点

换乘设施主要为综合客运枢纽主体设施内部的交通衔接设施，包括换乘广场、换乘大厅、换乘通道、换乘夹层等基础设施及与之相配套的换乘楼梯等辅助设施。见表 3-4-1 为综合客运枢纽不同换乘设施的设计要点。

换乘设施的总体设计原则：

原则 1：换乘设施应与各交通方式站场密切结合，其布局具有灵活性、通用性和先进性，并适应改建和扩建的需要。

原则 2：换乘设施的选择应考虑综合客运枢纽类型、换乘关系及换乘矩阵、换乘设施的适用特点。

原则 3：换乘设施规模应根据综合客运枢纽用地约束、建筑形态、各功能区分布特点、不同交通方式之间的换乘量等综合分析，合理确定。

综合客运枢纽不同换乘设施的设计要点　表 3-4-1

换乘设施	设计目标	设计要点及适用特点
换乘通道	①避免人流冲突； ②提高旅客舒适度； ③避免压抑感和焦虑感	①换乘通道进、出口宜分散布置，通道内人流的分流要逐级实现，不宜在一处安排过多的方向分流，避免对客流的方向选择造成困难。 ②换乘通道的设置净宽度应满足枢纽内换乘量及安全疏散的要求，若换乘通道长度大于 300 米时，可设置自动步道，提高旅客舒适度，避免携带行李长距离步行带来的疲惫。 ③换乘通道内需悬挂大量导向标识，为保证标识在一定距离的可读性，通道的净高不宜低于 3 米，避免旅客通过时产生压抑感，还需根据空间的比例尺度综合确定。 ④换乘通道内线路明确、简洁，并设置完善的导向标志系统，尽量减少方向转换，防止换乘旅客视线被阻挡时引起的焦虑感。并配备完善的照明设计，兼具丰富空间效果、实现导向功能。 ⑤较长的无干扰通道，在保证正常通行能力的前提下，通道两侧可设置商业娱乐功能空间，使通道功能不会过于单调，并降低旅客通行的心理时长，有利于枢纽的运营。 ⑥换乘通道变换宽度处，应采用“漏斗形”变径

续上表

换乘设施	设计目标	设计要点及适用特点
换乘大厅	①避免人流冲突； ②方便人流有序流动； ③避免压抑感	①换乘大厅内不同交通运输方式的进、出口宜分散设置，大厅布局要特别注意避免大规模散乱人流的交叉冲突，必须注重空间尺度设计，其宽度、长度应使换乘旅客具有足够的活动空间，保证舒适性，且具有一定的容错能力。在满足节能等方面的要求下，大厅的净高可适当取大值，避免产生压抑感。 ②在空间尺度允许的条件下，应尽量将轨道站厅层与换乘大厅同层布置，减少建筑层次与建设投资。 ③换乘大厅要建立人流诱导体系，以标识、广播等形式，保证人流有序正确流动。 ④换乘大厅的设计应从采光、通风、温度等多方面考虑，综合提升换乘大厅内旅客的舒适度。特别是布设于地下的换乘大厅应注意采光设计，条件允许时宜采用天然采光。另外，换乘大厅内人流密集，应特别注意空间、墙面及顶棚材料的防噪声设计
换乘广场	①避免人车流线冲突； ②为旅客提供遮阳、遮雨设施	①换乘广场应具有一定的平面尺寸，面积指标测算可按照旅客最高集聚人数来确定，场地条件允许情况下，宜取高值，预留缓冲、集散空间，但换乘设施的布局应尽量紧凑。 ②换乘广场内部应注意流线设计，避免人车流线冲突，使人群能够便捷换乘、迅速集散。 ③换乘广场具有较好的自然采光、通风条件，但应注意遮阳、遮雨构筑物的设计，最好设置连续的风雨廊道，其净宽度应不小于 3 米。 ④换乘广场的规模，在满足设计年限内换乘需求的同时，应考虑预留未来的改扩建空间。 ⑤受季节性或节假日影响大的综合客运枢纽，其换乘广场应具备设置临时候乘、购票设施的条件
换乘夹层	引导客流换乘、避免人流冲突	①建筑夹层应结合枢纽内换乘功能流线进行设计，设计过程中注意与导向标识的协同考虑。 ②建筑夹层顶板以上往往布设有其他功能空间，使得夹层的自然采光、通风受到一定限制，所以换乘夹层应特别注意照明、通风设计，满足相应的照明、空气质量要求，提升旅客的舒适度
换乘楼梯（包括普通楼梯、自动扶梯、电梯）	①提高旅客在不同高度功能层之间便捷联系； ②方便行动不便的弱势群体	①电梯、自动扶梯等设备的位置、运行方向应结合功能设置，根据人流方向运行，避免大量人流迂回、绕行。 ②自动扶梯应设置在大量旅客换乘部位，对于提升高度较大的高客流扶梯，尽可能一次提升到位，减少换层，一般情况下，楼层间高差在 6 米及以上时，应设置上下行自动扶梯。 ③在楼层转换无法设置坡道处，均应设置电梯，为残障人士、带婴儿车出行的人及使用手推车的人提供无障碍服务。 ④对于电梯、自动扶梯等设备的位置、运行方向应结合功能设置，根据人流方向运行。设备的入口应易于识别、迎向人流，设备的出口应面向目标空间，避免大量人流迂回、绕行。 ⑤由于枢纽客流的短时高峰效应，换乘楼梯前会聚集一定等候人群；旅客通过换乘楼梯到达某一功能区后，往往需要辨别位置和方向而稍加停滞。设计中要为这部分缓冲、等候的空间留有适当的面积，避免在换乘楼梯的前端形成人群集聚现象

4.2 服务设施的功能及设计要点

综合客运枢纽服务设施主要包括为特殊旅客提供无障碍服务的设施，为普通旅客提供问询、广播、小件寄存、饮水等功能的运营服务设施以及商业服务设施、为枢纽日常运行提供所需的节能减排设施、照明设施等。表 3-4-2 为综合客运枢纽特殊及辅助设施的设计要点。

综合客运枢纽特殊及辅助设施的设计要点　　表 3-4-2

服务设施	主要遵循既有规范	设　计　要　点
无障碍设施	《城市道路和建筑物无障碍设计规范》（JGJ 50—2001）；《无障碍设计规范》（GB 50763—2012）	综合客运枢纽无障碍设施应与枢纽项目同步规划、同步设计、同步施工、同步验收、同步交付使用。 ①民用机场、汽车站、火车站、港口客运站、地铁、轻轨等交通环境应当达到无障碍建设要求，候机（车、船）室应当标明残疾人专用座椅。 ②枢纽内应设置电梯、楼梯升降机、盲道、扶手等无障碍设施，并能够连续地引导残障人士进入枢纽的主要区域（如进站口、售票厅）。 ③无障碍停车位应当设置在方便停车的区域，并设置显著标志。依据无障碍设计规范，公共停车场应当按照停车位总数 2% 的比例设置无障碍停车位；按照比例计算的车位不足一个的，应当至少设置一个无障碍停车位。 ④枢纽内应设置应急电话服务平台，方便听力残疾人和言语残疾人使用的无障碍信息服务。候机（车、船）室应当建立信息屏幕。 ⑤为了方便轮椅进出电梯厢，电梯门开启后的净宽应不小于 80 厘米，电梯厢的深度不小于 140 厘米。电梯呼叫按钮的高度为 90~110 厘米，显示电梯运行层数的标示不小于 5 厘米 ×5 厘米。在电梯入口的地面上应设置盲道提示标志。电梯厢内三面需设高 85 厘米的扶手，扶手要易于抓握，安装要牢固。电梯厢的选层按钮高度为 90~110 厘米，如设置两套选层按钮，则一套设在门扇一侧，另一套设在轿厢内侧。 ⑥自动扶梯的踏步通常宽 40 厘米、高 20 厘米。自动扶梯上下入口处的自动水平板必须在 3 片以上，扶手端部外应留有不小于 150 厘米 ×150 厘米的轮椅停留及回旋面积，入口栏板或其他适当位置上应安装国际无障碍通用标志，从而更好地配合乘轮椅者使用扶梯。 ⑦在通道、台阶、楼梯、走道的两侧均应设置扶手，其安装高度上层为 85~90 厘米，下层为 65 厘米，起点及终点处水平延伸 30 厘米，末端伸向墙面，扶手上端抓握部分的直径为 35~45 厘米。在水平扶手的两端应安装盲文标志，向视残者提供所在位置及楼层的信息。 ⑧枢纽内坡道的坡度应小于 1/12。实际上在这种坡度条件下，也有不少轮椅的移动是受到一定限制的，所以如果空间条件许可，宜将坡道的坡度设置得更缓或配备电梯等升降设备。 ⑨公共厕所入口的室外地面坡度不应大于 1：50；通道的地面应防滑并且不积水，宽度不应小于 1.5 米；距洗手盆两侧 50 毫米处应设安全抓杆，还应有 1.1 米 ×0.8 米乘轮椅者使用面积；厕所内安全抓杆直径应为 30~40 毫米，距墙面 40 毫米，抓杆应安装牢固。 ⑩无障碍标志牌和图形的大小应与其观看距离相匹配，规格为 10 厘米 ×10 厘米至 40 厘米 ×40 厘米

3

续上表

服务设施	主要遵循既有规范	设 计 要 点
辅助设施（运营服务设施，如问询处、员工休息室、卫生间、行李寄存处、吸烟区、婴儿看护室等）	《交通客运站建筑设计规范》（JGJ/T 60—2012）； 《汽车客运站级别划分和建设要求》（JT/T 200—2004）； 《民用机场工程项目建设标准》（JB 105—2008）； 《铁路旅客车站建筑设计规范》（GB 50226—2007）； 《城市轨道交通工程项目建设标准》（JB 104—2008）； 《城市道路公共交通站、场、厂工程设计规范》（CJJT 15—2011）	①各种交通运输方式站房内应设置运营服务设施，按照各交通方式既有设计规范进行配置。 ②枢纽各交通方式衔接的公共换乘区域视具体形态设置相应的辅助设施，如公共换乘区域形态为换乘通道，则在换乘通道首末两端设置问询处；如公共换乘区域形态为换乘大厅，则在换乘大厅的中央设置一处问询处。 ③枢纽卫生间应设置在人流繁忙和照明条件较好的地方，尤其是枢纽换乘流线两侧的开敞空间，位置更加显而易见。目前枢纽设计基本上采用两个卫生间间距不超过 100 米的标准来控制卫生间位置，并建议根据换乘客流大小来测算厕卫的数量。一般情况下，吸烟区和卫生间设置在一起。 ④员工休息室、行李寄存处一般按照各交通方式站场的需要进行设置。 ⑤婴儿看护室、母婴卫生间一般在航空主导型综合客运枢纽比较常见，具体遵照主导方设计规范，如《民用机场工程项目建设标准》（JB 105—2008）
商业服务设施	①商业服务设施不应影响旅客换乘流线，且客流与货流不应有交叉。 ②商业服务设施应根据综合客运枢纽的规模合理布置，其中单个餐饮区面积宜不大于 500 平方米，购物设施宜以商品种类划分为面积不大于 100 平方米的小型购物空间。 ③商业服务设施可适度设置广告，其位置、色彩、亮度不应干扰、遮挡交通导向标识	
节能减排设施（充电桩）	国家标准：《电动汽车传导充电系统 第 1 部分：通用要求》（GB/T 18487.1—2015）、《电动汽车传导充电用连接装置第 1 部分：通用要求》（GB/T 20234.1—2015）； 地方标准：中国南方电网有限责任公司出台的《电动汽车充电站及充电桩设计规范》（Q/CSG 11516.2—2010），重庆出台的《民用建筑电动汽车充电设备配套设施设计规范》、深圳出台的《电动汽车充电系统技术规范 第 2 部分：充电站及充电桩设计规范》（SZDB/Z 29.2—2010）	
照明设施	照明设施的配置应符合《建筑照明设计规范》（GB 50334—2013）的相关要求	
无线网络（WiFi）	综合客运枢纽各交通方式站场及换乘区域应建设无线网络系统，具体设施建设可参考《四川省道路运输汽车客运站及客运车辆 WiFi 应用技术要求（试行）》	

3

4.3 出入口的功能、基本形式及设计要点

出入口是枢纽内换乘功能空间的瓶颈，设计内容主要包括楼梯、通道、大厅、广场、夹层的出入口位置、数量、注意事项等。

（1）出入口设置原则

①出入口设置必须考虑换乘流线，满足流线顺畅、便捷等功能需求及各种流线间换乘需要，并考虑设置应急疏散下的安全紧急出入口。

②出入口处不允许有影响集散换乘的障碍物，还需考虑枢纽运行中存在的影响因素，如排队长度过长对出入口交通的影响等。

③出入口设置必须考虑中国人靠右侧行走的习惯，避免出入口交通直接穿越对向人流。

④出入口的设置避免形成冲突人流，防止形成流线交叉。形成主流线交叉时，需要设置缓冲空间，交错人流或进行必要的隔离疏导。

⑤出入口设置不仅要考虑枢纽内各交通方式间换乘流线，也要考虑相关客流与枢纽主体建筑的联系，如周边高强度开发地块、枢纽内部的物业等，均需要设置出入口，通过楼梯、通道等连通至主体建筑；对于周边的人流密集区，如城市广场、城市花园等均应设置连接至枢纽的出入口。

（2）设计要点

①设计中需要考虑旅客换乘量，根据换乘量大小和主要换乘流向，可以多点、多方向设置出入口，并考虑人流的分级疏散汇入。

②如遇安检、电梯等待客流聚集等瓶颈问题，必须考虑设置足够缓冲空间，预留足够的排队等待空间，避免排队拥堵引起其他换乘流线的阻塞或中断。

③入口注重多点布设，减少旅客换乘距离，保证旅客尽快进入建筑体内；出口要注重导向明确，快速疏散，遇有多出口、多行进方向选择时，注重缓冲空间的预留。

④旅客出入口的宽度最小不应小于 2 米（日本为 2.4 米），出入口净空高度在条件允许前提下，以不小于 3 米为宜，以保证一定的舒适度。

⑤不能使换乘流线发生障碍，如各交通方式的规范对出入口宽度规定不同，应选择最大的宽度值进行设置。

⑥要注重与导向标识、问询台、卫生间等设施的空间配合布置。

⑦需考虑旅客换乘的舒适性，配备一定的防护设施及无障碍设施，如防风设施、防雨设施以及垂直电梯等。

⑧重要交通功能区必须注重多出入口的设置，满足便利换乘、应急疏散的功能需求。

4.4 车道边的作用、分类、功能、基本形式及布置要点

（1）车道边的作用

车道边是综合客运枢纽内人车接驳的交通设施，将枢纽与外围路网相衔接，将人、车引至枢纽建筑体内，使得进出枢纽的车辆能够以便捷、安全的方式在此区域内进行上下客，引导并疏散人流。

车道边的布置原则如下：

原则 1：公交优先，楼前布设。力求使乘坐公交的旅客进出枢纽的步行距离最短，使枢纽旅客与公交的换乘关系最为紧密、便捷。

原则 2：立体分层，多车道边。为有效组织交通流线，减少不同方向、不同性质交通流之间的相互干扰，首先考虑到发车道边分离，并尽量安排在不同层面运行，以实现进出枢纽车辆流线分离。

原则 3：合理配置，优化组合。在车道边的布置中对于直接影响车道边通行能力的诸多因素，如车道边条数及车道数量配置、发车位组合方式等应进行多方面的比较分析，进而得出最适合于枢纽的车道边布局方案。

（2）车道边的分类

综合客运枢纽车道边类型见表 3-4-3。

综合客运枢纽车道边类型 表 3-4-3

分　类	具 体 形 式
按出发及到达流程	①出发车道边；②到达车道边
按车种	①城市公交或专线公共汽车车道边；②长途公共汽车车道边；③社会包车或旅游包车车道边；④出租车车道边；⑤社会中小型车辆（面包车、小客车）车道边
按结构形式	①地面车道边；②高架车道边；③地下车道边

（3）车道边的功能及基本形式

①出发车道边

出发车道边对应枢纽出发层，承担车辆下客功能，引导到达枢纽的客流迅速进至枢纽内部。综合客运枢纽出发车道边种类及停靠方式见表 3-4-4。

综合客运枢纽出发车道边种类及停靠方式 表 3-4-4

种类	安全和效率	适 用 车 型	示　意　图
平行式	安全度一般 效率较低	出租车、社会中小型车辆	

续上表

种类	安全和效率	适用车型	示意图
锯齿式	安全度适中 效率高	大型公交车 / 专线公共汽车及长途车、社会大客车等大型车辆	

②到达车道边

到达车道边对应枢纽到达层，承担车辆上客功能，将离开枢纽的客流引导至指定候车区域。综合客运枢纽到达车道边种类及停靠方式见表 3-4-5。

综合客运枢纽到达车道边种类及停靠方式　　表 3-4-5

种类	安全和效率	适用车型	示意图
平行式	安全度一般 效率一般	出租车、公交车 / 长途公共汽车	
斜列式	安全度适中 效率高	出租车	
港湾式	安全度高 效率高	大型客车车辆、公交车 / 长途公共汽车	

（4）车道边的布置要点

综合客运枢纽在车道边设计过程中，通常按照枢纽出发及到达流程的方式对车道边进行划分，再结合车种、结构形式进行综合考虑其停靠方式、设计要点（表 3-4-6）。

综合客运枢纽车道边布置设计要点　　表 3-4-6

种类	布置要点	具体设置
出发车道边	①以大载客率优先为原则，安排好各车种下客点具体位置的合理性。 ②保证旅客在车道边下客、取行李以及穿越车道时的安全性。 ③对不同车种的流量进行合理分配，避免高峰时段车道边出现拥堵，保证车辆停靠通行的顺畅性。 ④残疾人专用停车位应靠近枢纽出入口及站厅内问讯柜台进行设置	①需求长度需考虑枢纽高峰小时旅客流量、乘坐不同车种的旅客预测比例、不同车种的载客系数、不同车种单车位的车道边占用长度、不同车种的停靠时间等因素后综合确定。 ②车道宽度建议参考城市道路相关规范要求，兼顾运行的可靠性和管理的灵活性、标准化，大小型车道统一取长度 3.5 米。 ③外侧车道边人行道与内侧车道边人行道平行连接。手推车及行李可直接穿越车道，并且车道上形成一个缓坡减速带。内外侧车道边路缘石处分别设置缓坡。 ④人行横道须对应或靠近枢纽出入口处设置，引导外侧车道边下车旅客至枢纽站厅入口处
到达车道边	①需考虑车辆的发车方式和旅客的上车方式两方面因素。 ②需要满足旅客通行与公交候车休息的要求。 ③需要满足旅客通行与出租车排队等候的要求	①需求长度与出发车道边考虑因素基本一致。考虑带大件行李的旅客会推手推车进入排队等候区域，两个护栏间的通道宽度须留出足够的宽度（不小于 1.5 米）。 ②公交车，社会大型客车车道边：大载客率优先，置于楼前。 ③出租车车道边：成组集中布置，统一管理，应在人行道上设置排队等候栏杆。 ④社会车辆车道边：进库泊车，库内接客

4.5 各设计接口的界面划分的基本要求、影响因素和注意事项

（1）基本要求

①功能衔接。设计接口界面的划分中，应优先考虑综合客运枢纽服务功能的连续性，以功能流程为主线进行设计考虑。

②简明清晰。尽量减少设计界面，简化接口关系，实现各子系统间结构简洁、界面清晰，使枢纽不同功能区在设计、施工工期上保持相对的独立性、完整性，以减少交叉和协调工作难度。

③技术合理。应综合考虑工程技术的合理性和可行性，如工程结构实现的可能性、内部结构过渡是否合理连续，各分项工程实施的先后次序和具体施工安排，与现状道路或建筑设施的衔接合理性等。

④方便管理。各功能空间一般由不同的业主建设，归属不同的部门管理。设计界面应便于各部门实际操作，统一运营管理。

（2）影响因素

①主体结构：在不割裂主体结构分布及形态的情况下，综合分析接口处可能的结

构技术方案，遵循“一般工程服从复杂工程、上部结构服从下部结构、后建工程服从先建工程”的原则。

②竖向交通：尽量避免对电梯、扶梯等竖向交通产生切割，通过竖向设计界面的划分，保障竖向交通的便利性。

③换乘空间的共享：界面划分要保证旅客换乘功能的连续性和公共换乘空间的共享性，这是实现枢纽服务功能的基本要求。

④设备的共享：界面划分理应考虑两大接口，一是土建工程界面，二是设备系统界面。在界面划分时，应提前考虑接口区域设备系统的资源共享和运行配合，便于运营阶段的协调一致。

⑤消防空间：必须统筹考虑安全防火分区的划分及超大空间形态下消防性能化要求，而且不要影响消防功能，防范消防风险。

（3）注意事项

方案设计阶段的界面划分设计成果需要给出接口名称、界面划分原则、接口界面位置、主要技术参数。在后续初步设计和施工图设计阶段，需进一步结合工程界面划分、技术方案、土建设计或施工标段划分等，在设计过程中进行调整、细化；应保持换乘功能的连续性和建筑的整体性免遭破坏，并应考虑与交通流线组织方式相适应。

①平面式布局的综合客运枢纽一般考虑以广场或道路为边界，按照各运输方式站场用地权属，以用地红线为界清晰确定投资主体和建设项目边界范围。

②立体式布局的综合客运枢纽中，各功能区衔接紧密，相互嵌套，可根据主体结构及竖向交通设施进行设计界面划分，并关注结构的预荷载因素。

③组合式布局的综合客运枢纽中，不同标高层的功能边界（主要体现为楼扶梯、屏蔽门、防火卷帘等位置）、建筑外立面接口等均是划分设计界面重要参照因素。

3

第5章 综合客运枢纽交通流线设计指南

5.1 对外集疏运路网、枢纽周边城市路网的组织方式

（1）对外集疏运路网（外部交通组织）

对外集疏运路网是枢纽的外部交通组织，即城市各个区域或周边城市衔接至枢纽的通道，主要表现为新建或改建的城市骨干路网、对外通道或新建的专用通道。外部交通组织主要考虑枢纽周边是否需要新建骨干路网或利用现有骨干路网承担现有枢纽叠加的交通量。若已有路网无法满足新建或改建枢纽的交通量，必须新建或改建部分道路。

①设计原则

原则1：分离交通。注重枢纽到发交通与本区域无关的过境交通相互分离。

原则2：优化路网。利用周边高速公路、快速路、主干路、专用通道构建集疏运路网的快捷性，利用次干路、支路构建周边地块的可达性。

原则3：能力匹配。对外集疏运路网的设计应以交通流量和交通特性为依据，其通行能力需与枢纽需求规模、连接的城市骨干路网或对外通道运输能力相匹配，利用周边一条或多条骨干道路进行集疏运。

原则4：集疏运模式的选择。位于城市中心区的综合客运枢纽，若周边道路交通状况已比较拥挤，地面新增出入干道的空间较少，需采用公共交通为主体的集疏运模式，引导个体交通向大运量公共交通方式转移，并优先保障大容量公共交通客流的快速集散。位于城市外围的综合客运枢纽，周边有条件新增各类出入干道时，在设计阶段应适当增大道路设施面积，为远期城市轨道、BRT等快速公交发展提供便利条件。

②设计要点

若枢纽集疏运路网连接至对外通道，则需注意集疏运路网与对外通道道路等级的衔接匹配。各等级道路相互衔接适应情况见表 3-5-1，集疏运路网道路及对外通道等级规划对应表见表 3-5-2。

各等级道路相互衔接适应情况表　　表 3-5-1

集疏运路网	对外通道					
	高速公路	一级公路	快速路	主干路	次干路	支路
高速公路	○	○	○	◇	△	△
一级公路	○	○	○	◇	△	△
快速路	○	○	○	◇	△	△
主干路	◇	◇	◇	○	◇	△
次干路	△	△	△	◇	○	◇
支路	△	△	△	△	◇	○

注：○ 适宜连接；◇可以连接；△不宜连接。

集疏运路网道路等级规划对应表　　表 3-5-2

枢纽所在区域	集疏运道路等级	对外通道等级
郊区	一级公路、交通性主干路	高速公路
	交通性主干路	一级公路
中心城区	快速路、交通性主干路	高速公路
	快速路、交通性主干路、交通性次干路	一级公路

集疏运路网与枢纽的关系呈现环绕式、切线绕行式、分离式、穿越式四种基本形态，可根据各种不同形态确定相应的衔接道路数量（表 3-5-3）。

枢纽集疏运道路的数量与布局形态的对应关系表　　表 3-5-3

类型	形　　态	道路数量	优缺点分析
环绕式	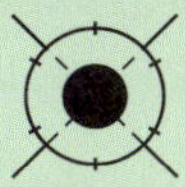	4 条或以上	辐射式地衔接四面交通需求点和城市出入干线，便于快速直接地到发枢纽；但应避免过于密集地直接衔接到枢纽本身所产生的交通无序化
切线绕行式	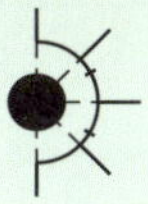	2~3 条	可减少枢纽过境交通对枢纽到发交通的影响，具有一定的保护环作用
分离式	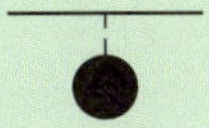	1 条	单侧衔接城市交通干道，适用于交通方式单一、对外联络方向性强的枢纽

续上表

类型	形　态	道路数量	优缺点分析
穿越式		多条	枢纽体与周围用地和道路一体式开发，是枢纽综合开发的典型模式。但是道路建设标准将大大提高，一般通过立体化综合开发的措施实现

集疏运道路规模应根据枢纽产生及吸引的交通量、周边地块产生及吸引的交通量、过境交通量，确定路段平面线形及红线、横断面布置、控制点坐标和标高，确定道路两侧地块出入口位置。各城市道路宽度与城市规模及道路等级对照见表 3-5-4。

各城市道路宽度与城市规模及道路等级对照表（米）　表 3-5-4

城市规模（万人）	快速路	主干路	次干路	支路
[200,+ ∞)	40~45	45~55	40~50	15~30
[100,200)	35~40	40~50	30~45	15~20
[50,100)	—	35~45	30~40	15~20
[1,50)	—	—	25~35	12~15

集疏运道路规模应充分考虑慢行交通需求，根据《城市道路设计规范》，枢纽附近的人行道最小宽度在大城市中不应小于 5 米，中、小城市不应小于 4 米。对于涵盖两种及以上对外运输方式的综合客运枢纽，衔接人行道宽度不应小于 5 米。

（2）枢纽周边城市路网（内外交通组织）

周边城市路网主要为枢纽内外交通流提供衔接转化的集散路网，实现集散交通与周边地块交通分离，保证枢纽进出的快捷、有序，并创造条件分离不同层次、不同目的的交通，运用多层立体的衔接方式布置各种交通设施，实现利用快速集散道路到发各场站设施，还要保证进出枢纽交通的便捷顺畅连续。周边城市路网遵循以下设计原则：

原则 1：分块循环，均衡集散。虽然枢纽周边分合流点多，引起路径识别相对复杂，但路段流量与交织流量较小，采取均衡集散，运行状况良好，绕行距离也较短。

原则 2：直接到发，立体整合。枢纽内部专用快速集散道路的立体化设计（如高架形式），使得内部集散道路系统可以利用车道边直接对接枢纽建筑主体，为旅客到发分离、车道边换乘创造有利条件。

原则 3：分级布设，减少交织。枢纽集散道路系统由于进出频繁，集散量大，为减少对干线道路的影响，一般通过次干道、支路组织进出车辆，还要进行合理的分流，将进场流线与离场流线尽可能的分离。

原则 4：单向环通，减少冲突。对于高架快速集散系统，考虑到进入枢纽车辆大多不熟悉内部路况的特点，单向循环交通组织可以使路网具备容错功能，避免绕行距离过长。

原则 5：适度连通，具容错性。快速集散道路系统的设计需考虑适度的连通，具容错性，保证在行驶错过时能在较短的距离内绕回。

5.2 枢纽内各交通方式的交通流线设计要求

枢纽内部交通组织是针对内部各类交通方式间的换乘客流组织和不同方式场站内部人流、车流的交通流线分析，实现的设计目标是“安全、有序”。

内部交通组织设计的基本依据是各机动车系统的作业流程、运营方式特点和换乘的目的，结合初步确定的建筑空间组织形态，分车辆种类进行交通组织，线路明确，互不干扰，并用交通流线分析的方式逐一对枢纽内部涉及的各类机动车流线、行人流线进行分析，寻找冲突点、交织点或者容易存在安全隐患的部位，对内部交通组织方案进行优化和修正。内部交通组织的主要设计要点如下：

内部各交通方式流线组织重点研究长途客车、公交车、出租车以及社会车辆等道路运输方式，根据不同车辆特征和流线特点，设计枢纽内部各方式车辆的交通流线（表 3-5-5）。

枢纽内各交通方式车辆流线特点及考虑因素　　表 3-5-5

交通方式	流线的主要特点	交通流线组织考虑的关键因素
长途客车	①车辆一般为大、中型，停车面积和转弯半径大。 ②发班密度大，发车时间相对固定，进出站速度较慢。 ③载客量大，进出站流线集中、到发人流集中。 ④一般都有随车行李	①应有独立的两个进出站口。 ②出入口之间位置最好不在同一侧，出入口位置与城市主干道应有适宜间距，便于加减速车道的交通组织。 ③流线顺畅，避免交叉、减少绕行。 ④人车分流，上落客点便于旅客换乘
公共汽车	①属于城市交通运输方式，运行线路固定，需要周边有完善的城市道路网络。 ②车辆一般为大、中型，停车面积和转弯半径大。 ③发班密度大，运行速度慢。 ④载客量大，进出站时流线集中，到发人流集中	①应有独立的进出站口。 ②出入口位置、数量应满足需要。 ③公交枢纽或首末站与综合客运枢纽交通流线要顺畅，避免交叉、减少绕行。 ④人车分流，上落客点应方便旅客换乘

续上表

交通方式	流线的主要特点	交通流线组织考虑的关键因素
出租车	①属于城市交通运输方式，机动灵活。 ②进出站时流线集中，出发人流集中，需要排队，到达人流分散，即停即走。 ③部分旅客有随车行李	①到达区靠近进站口，要有足够的车道边，以避免车辆排队等候。 ②出发区靠近出站口，设置足够发车位，要充分考虑车辆排队空间以及排队空间不足时的续车场组织。 ③考虑出租车及旅客排队的情况，到达区和出发区应分开设置
社会车辆	①机动灵活。 ②进出站时流线集中，到发人流分散，即停即走。 ③部分旅客有随车行李	①到达区靠近进站口，要有足够的车道边以避免车辆排队等候形成道路拥挤。 ②出发区靠近出站口。 ③离社会停车场较近，可考虑一定的临时停靠区域（接客上车）。 ④到达区可与出租车共用，但要有足够通道空间
旅游客车（含机场巴士）	①车辆一般为大、中型，停车面积和转弯半径大。 ②发车时间相对固定，进出站速度较慢。 ③载客量大，进出站流线集中、到发人流集中。 ④一般都有随车行李	①常见于航空主导型综合客运枢纽，采用阵列式车道边形式。 ②到达区靠近进站口，要有足够的车道边以避免车辆排队等候形成道路拥挤。 ③出发区靠近出站口。 ④上落客点便于旅客换乘

针对枢纽分散出发、集中到达、大厅等候、集中换乘、通道疏解等客流特点，内部人流组织宜采取利于“散进合出、换乘有序、动静有别”原则。在枢纽内部还应尽量避免产生过度集中人流区，交通组织适度引导、分解疏散客流是保证枢纽安全高效运转的有效手段。

车辆停车需求规模的测算，可根据综合客运枢纽换乘矩阵，得到长途客车、公共汽车、出租车、社会车辆、旅游客车（含机场巴士）所承担的高峰小时出发与到达客流量，然后根据不同车种的等候时间，计算停车位周转量，最后根据不同交通方式站场设计规范，得到各交通方式车辆停车需求面积或车道边长度。社会车辆停车需求可参照《城市公共停车场工程项目建设标准》（建标 128—2010），以高峰小时吸引客流量计算。

5.3 非机动车、行人的交通通道与交通组织

现代化的综合客运枢纽设计应当提倡以 TOD 模式引导城市的发展，构建以枢纽

为核心，以慢行系统为搭接的公共换乘空间，关注和提高步行和自行车慢行主体出行换乘的安全、保障慢行换乘空间的顺畅、构建优美的慢行环境，贯彻以人为本的设计理念。

综合客运枢纽慢行系统交通组织设计内容主要包括两方面：第一，枢纽周边的步行系统设计；第二，旅客集散换乘等待空间的设计。枢纽周边及内部空间慢行系统设计，应为行人提供一个安全的、连续的、无障碍的、舒适的步行空间，是旅客能够便捷的到达、离开以及在各种交通方式之间换乘，增强枢纽的可达性和便利性。

（1）设计原则

原则 1：鼓励和引导市民更多采用“慢行 + 公交”的出行模式；

原则 2：围绕枢纽内慢行主体集中的区域，构建慢行活动区域；

原则 3：加强城市公共交通与慢行系统的衔接；

原则 4：切实解决好慢行空间的通行安全和通行效率问题。

（2）设计要点

①根据不同等级的综合客运枢纽，设计相应慢行系统。如大型客运枢纽，若存在没有自行车交通需求情况时，则以优先使用城市公共交通和步行为主要考虑要素；中小型客运枢纽，可按与城市公共交通同等重要程度组织自行车交通。

②在枢纽与城市衔接的道路上应给予自行车和行人专用通行道，保证自行车出行畅通；枢纽内设置专用自行车停车设施，保障自行车与公交换乘的便利性。

③根据枢纽周边用地性质、开发强度（重点考虑枢纽周边 3~5 公里范围内），测算自行车和步行者出行总量，据此提供不同程度、不同类别的自行车停车及步行道路设施，并测算是否可以满足自行车及步行客流需要。

④为保证过街行人的安全和考虑减少对道路交通的影响，应在枢纽周边设置平面或立体行人过街专用设施：平面过街设施可利用中央分隔带建立行人过街安全岛，并在安全岛前设置保护区；立体过街设施可通过设置行人过街天桥，并注意设施的无障碍设计。

⑤具备公共自行车条件的城市，充分结合枢纽站周边建筑、广场周边及地下、出入口附近、路侧绿地等空间设置公共自行车停车设施。

⑥枢纽周边可结合站前广场以及城市空间设施，统一考虑设置休憩、观赏、驻足和活动的慢行空间，步行道上不应设置障碍物，并通过绿化等环境构筑高品质步行空间（图 3-5-1）。

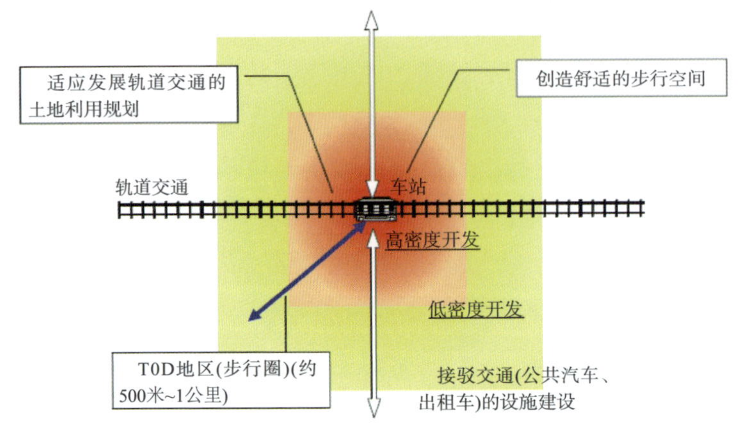

图 3-5-1 枢纽周边 500 米 ~1 公里形成步行圈（枢纽的环游性）

（3）步行空间设计形式

枢纽周边步行空间可以分为空中步行连廊、地面步道和地下步行街三种类型。

①空中步行连廊

空中步行连廊一般结合枢纽周边公共建筑或独立布置，形成一个既服务于市民，又服务于旅客的空中公共步行空间。空中步行连廊一端连接枢纽站厅或广场，另一端穿行于枢纽周边的建筑群中，形成与地面交通完全分离的连续的步行网络。换乘人流能够在枢纽周边的公共建筑之间穿行而不受地面交通的干扰，从而实现人车完全分离（图 3-5-2、图 3-5-3）。

图 3-5-2 小仓客运枢纽的空中步行连廊示意图（日本北九州）

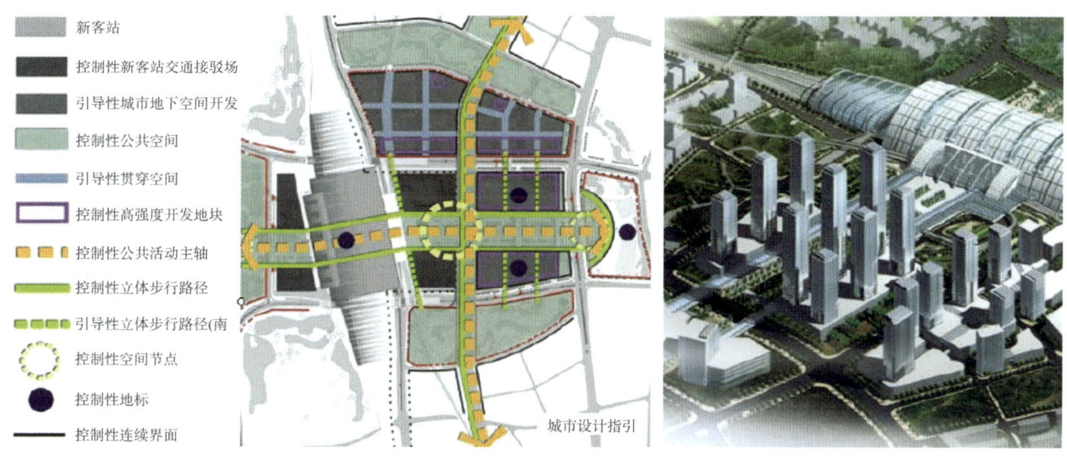

图 3-5-3　深圳北站综合客运枢纽空中步行连廊示意图

②地面步道

地面步道形式较为普遍，多依托枢纽站前广场设置步行过街通道、人行道等。设置地面步道，应使人流免受车流或交通干线的切割，保证行人过街的安全、便利和效率（图 3-5-4、图 3-5-5）。

图 3-5-4　孝感北综合客运枢纽地面步道示意图

对于设置在建筑体外的地面步道，应设置挡风避雨设施，提升旅客换乘舒适度。

③地下步行街

地下步行街是连接枢纽和枢纽周边地区、能提供便捷安全步行服务、连续的地下步行网络，包括过街地道、地下商业街等。地下步行街能够在枢纽与城市空间之间建立联系，将大量客流转入地下，既能缓解地面的交通压力，又能避开恶劣的气候条件，为旅客创造舒适的步行环境，同时还能与商业结合，创造可观的经济效益。由于地下步行街的前期建设开发成本很高，建成后再改动的难度很大，所以地下步行街的开发应结合城市整体地下空间系统的发展战略以及枢纽周边的土地利用布局一起考虑，确保建成后运营的可持续性（图 3-5-6）。

图 3-5-5 深圳北站综合客运枢纽换乘风雨廊示意图

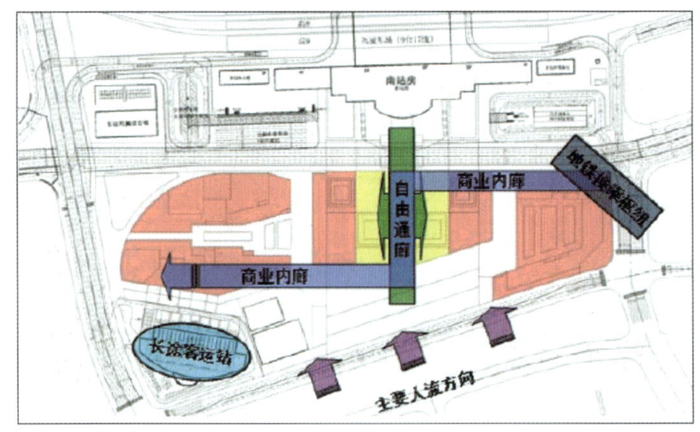

图 3-5-6 天津西站综合客运枢纽地下步行街示意图

除了以上三种步行空间外，还需考虑枢纽两侧地区的自由步行通道。如北京、天津、南京、武汉等一些大城市将老火车站改造，引入高铁或城际铁路后，开辟枢纽两侧、两个方向的广场。贯通枢纽两侧的步行道本质上是城市公共空间的一部分，应设置为自由步行通道，实现人流的自由流动，并与枢纽周边慢行系统融合，以消除枢纽的阻隔，保证慢行系统的连续性，改善枢纽地区的整体性联系（图 3-5-7、图 3-5-8）。

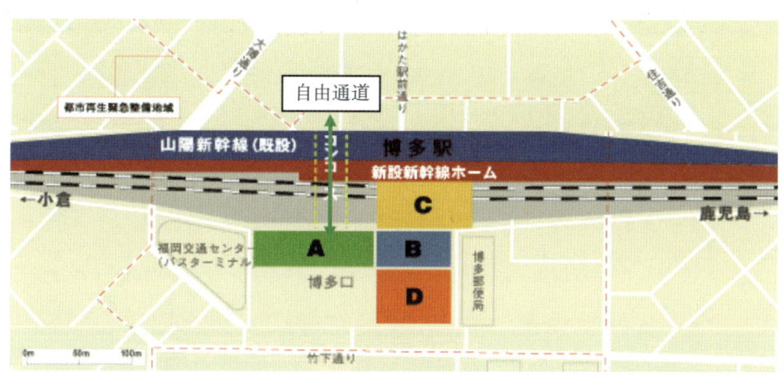

图 3-5-7　贯通博多客运枢纽的自由通道示意图（日本福冈市）

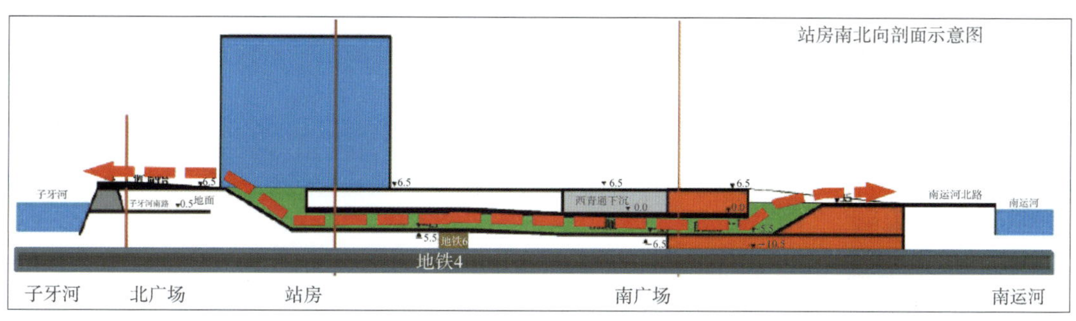

图 3-5-8　天津西站综合客运枢纽联系南北广场的地下步行通道

5.4　枢纽交通可通达性分析

可达性是指借助特定的交通系统从某一给定位置到达目的地点的便捷程度，通常选取一定的评价指标，建立评价模型进行分析。

综合客运枢纽可达性评价指标的选取应遵循全面性、代表性、独立性、易量化性的原则，既要涵盖影响枢纽可达性的主要因素，同时也应选取有代表性的特殊情况，以提高可达性分析的全面性。

根据枢纽对外交通组织、内外交通组织和内部流线设计特点，从空间可达性、时间可达性、综合交通环境影响三个方面选取评价指标，进行综合客运枢纽可达性分析（表 3-5-6）。

综合客运枢纽可达性分析评价指标 表 3-5-6

因素	指标	指标含义
空间可达性	衔接城市干道数	枢纽周边衔接的城市干道（含快速路、主干道）数量
	衔接城市公共交通线路数	枢纽周边设置停靠点的公交线和城市轨道交通线路数量
时间可达性	平均换乘次数	从旅客出发地到枢纽的平均换乘次数
	出租车平均等待时间	考虑追求时效性、舒适性乘客需求
综合交通环境影响	行人过街设施	考察过街设施能否满足人流量需求
	周边路段饱和度	考察枢纽周边道路能够满足车流量需求

按照上述评价指标，选取综合评价方法对枢纽可达性分析。综合评价方法包括：专家评价法（如专家评分法）、运筹学方法（如多目标决策方法）、其他数学方法（如层次分析法 AHP、模糊综合评价、灰色评价方法）等。考虑到综合客运枢纽可达性评价指标，推荐选用专家评分与层次分析相结合的方法。

第 6 章 综合客运枢纽旅客信息与导向设施设计指南

6.1 旅客信息和交通导向设施的设计内容

综合客运枢纽信息系统是基于各种交通方式信息资源的共享和整合，为枢纽场站综合管理及多方式协同运营提供平台支撑，为旅客提供一体化综合信息服务的集成化、平台式管理信息系统。统筹考虑综合客运枢纽信息系统建设方案，有利于提升枢纽管理的现代化水平、提高枢纽的服务水平并保障枢纽安全、高效运行。

综合客运枢纽交通导向标识系统主要是指附设于枢纽内部公共空间、出入口及枢纽周边地区，带有文字、图像、声音等信息标志的总称，具有引导旅客正确而有效地完成空间定位、换乘路径选择、紧急疏散等功能。主要设计内容包括各类指引标示和位置图、乘客信息板、电子显示屏、公共交通广播系统、紧急通报系统等。

6.2 枢纽信息系统的功能及设计要点

综合客运枢纽信息系统是枢纽区域内各交通方式信息系统的集成，具有信息交换与共享功能，为枢纽管理部门制定运行监控方案和科学决策提供依据。同时，信息系统利用数据集成的优势，以公共信息平台为基础，向各交通方式系统的运营商提供信息支持，向广大的旅客提供全方位、多方式的交通信息服务。

枢纽信息系统应包括以下 6 个功能：运行监控、安全疏散与应急、乘客综合信息服务、协同管理与联动支持、停车管理、综合运行信息管理。具体功能及设计要求如表 3-6-1 所示。

综合客运枢纽信息系统功能及设计要求　　表 3-6-1

功能	具体功能	设计要求
运行监控	图像监控、客流检测与分析、车流检测与统计、设施设备运行监测	①实现综合客运枢纽内的图像监控覆盖以下区域：枢纽出入口、上下客通道、换乘通道、售票区、安检区、候车区、枢纽周边、公共换乘区及重要设备区等。 ②在枢纽出入口、上下客通道、换乘通道等场所实现客流数量、客流方向的实时监测；在售票区、候车区、公共换乘区等区域实现客流数量、客流密度的实时监测。 ③对进出枢纽的行人、车辆出现的异常情况进行自动检测和报警，如长时间滞留、逆行、突发聚集等。 ④与枢纽建筑门禁、楼宇自控及消防报警等弱电系统实现数据对接
安全疏散与应急	突发事件快速报送及响应、应急资源管理、应急处置决策支持、安全疏散集中控制	①事先对报送到安全疏散与应急系统的各种突发事件的快速响应，以及对接警信息的自动记录和存储。 ②按照类型、所属区域等条件对枢纽内各类应急救援物资、设备、设施进行录入和查询。 ③对枢纽内所发生的各类突发事件的信息进行统一管理、统计分析。 ④通过发出控制指令，实现对枢纽内集中控制的安全疏散标志的统一操作
乘客综合信息服务		①静态标识详见后三节关于旅客交通导向标示设施的设计内容。 ②在各交通方式换乘区、售票区、候车区、发车区、停车场等公共服务区，设置动态显示屏、站内广播、触摸屏、有线电视、网站等发布设施，向枢纽内乘客提供各类综合信息服务。 ③发生突发事件时，应通过紧急广播和各种显示设备在规定的区域优先播出安全疏散诱导信息
协同管理与联动支持		①综合客运枢纽应预留枢纽内各运营单位的数据接口，统一传输协议，实现各种运输方式的数据交互。 ②对枢纽内各种运输方式的历史运营信息和实时调度信息的接入、汇总、存储、查询和分析。 ③发生突发事件时，宜生成相应的协同管理与联动方案，并及时提供给各运营单位
停车管理		对进出枢纽的社会车辆、出租车、公交车和长途客运车辆的停靠情况及停车位信息进行管理，并将停放空位数据呈现在电子显示屏上
综合运行信息管理		实现对枢纽各个业务信息运营管理数据的整合，对枢纽业务各应用系统的数据支持，实现对外信息的交换与贡献，汇总统计、分析枢纽运行数据，并实现报表输出功能

3

综合客运枢纽信息系统需要在各交通方式各自的运营管理系统基础上，结合枢纽站务管理、安保和应急管理等需求，通过数据共享和交换、整合数据资源进行开发建设而形成。这一因素是界定综合客运枢纽信息系统工程边界的重要参考。

随着智慧城市建设和移动互联网技术的发展，综合客运枢纽信息系统是提升各种运输方式场站衔接效率、为旅客提供更加便利和人性化信息服务的重要基础。应以新一代移动互联为媒介，将综合客运枢纽打造为汇集各类客流、商流、资金流、信息流的城市智慧中枢。加强大数据等应用，推进综合客运枢纽与智能交通等融合发展。加强信息采集、处理、共享，建立统一的信息平台，拓展手机等终端应用，实现信息及时发布与实时更新，提升服务精准性。

根据现阶段我国交通运输管理体制和枢纽建设发展特点，深入推进枢纽信息系统发展的主体和根本是成立综合客运枢纽运营管理服务中心，基础和保障是统筹规划综合客运枢纽信息系统总体架构，关键是切实推进综合客运枢纽公共信息平台建设发展。

①成立综合客运枢纽运营管理服务中心

运营管理服务中心作为协调综合客运枢纽各交通方式、各运营主体的部门，是推进综合客运枢纽信息系统建设发展的主体和根本，承担综合客运枢纽信息系统的规划、建设和运营、维护工作。同时，充分适应综合客运枢纽现状管理模式特点，建立依托信息技术手段的各交通方式、各运营主体沟通协调机制，明确交换共享指标体系。此外，通过综合客运枢纽信息系统建设，一定程度上也应反馈促进各种交通方式的协同，促进综合客运枢纽运营管理模式的创新。

②统筹规划综合客运枢纽信息系统总体架构

在综合客运枢纽建设前期，根据综合客运枢纽运营模式特点和各种交通方式之间的关系，应用先进理念，加强信息化发展顶层设计，统筹规划信息系统总体架构是综合客运枢纽信息系统科学、集约发展的基础和保障，能够最大程度指导、协调各交通方式信息系统建设，做好、预留交换共享的接口，加强物联网等现代新技术的应用，保证综合客运枢纽信息系统的整体性，并减少重复投资。

③切实推进综合客运枢纽公共信息平台建设发展

建设综合客运枢纽一体化信息管理和服务系统的关键是公共信息平台的建设。公共信息平台是实现综合客运枢纽运营管理和服务协同、旅客无缝换乘的重要途径手段。通过公共信息平台，围绕综合客运枢纽管理协同和运营协调（主要体现在各交通方式运营时间衔接、运力匹配），加强各种运输方式信息的采集、加工和处理，从技术上整合各种交通方式的运营管理和旅客服务信息，实现各种交通方式信息互联互通和信息共享，进行信息融合和深化处理，提高旅客集散效率和客运枢纽信息集成化、智能化水平，并作为各种交通方式信息管理和发布的中心。同时，根据需要将综合客运枢纽公共信息平台接入各城市交通信息中心、交警指挥中心、应急处置中心等，加强信息资源共享。公共信息平台发布的交通信息可通过多媒体查询、电话问询和网站查询等方式，有条件的枢纽可采取手机 APP 或者微信公众号的方式，发布枢纽内各种交通运输方式时刻表、票价信息、旅客出行前引导、出行途中实时交通信息等。

专栏 上海虹桥综合枢纽信息系统简介

“上海虹桥综合枢纽信息系统”一体化集成系统，是将分散独立的信息系统进行互联互通和有效整合，实现枢纽内信息资源的共享，并从“虹桥综合交通枢纽”的高度进行信息的处理、利用（包括综合交通信息引导、调度管理、应急指挥、安全等），使各类交通方式在不同空间和时间上有序高效运营，同时实现资源共享，减少不必要的重复投资。

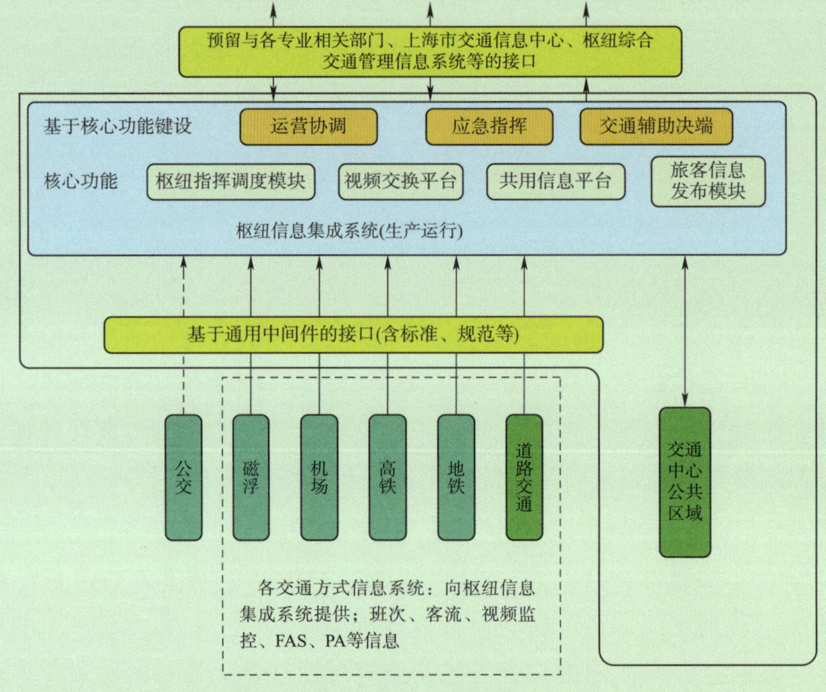

虹桥枢纽信息集成系统系统架构示意

虹桥综合枢纽信息系统建设不仅能够为交通出行者提供完善的信息服务，而且也为枢纽运营者提供决策管理支持，并进一步保障和提升枢纽交通服务的质量水平。

从信息共享和交换角度，该枢纽信息平台拟接入的信息从范围上分为3块：

（1）各交通方式系统信息，包括道路交通、地铁、磁浮、高铁、机场班次、旅客、视频、FAS等信息。

（2）东交通中心非地铁区域、西交通中心非地铁区域、磁浮上方非磁浮区域、东西连廊4块组成的公共区域，包括CCTV、客流、FAS、BAS、CATV、停车场、安全防范、电力监控、业务广播、旅客诱导、维护管理等信息。

（3）公交与出租区域内的信息，包括公交计划班次、旅客、视频、FAS等信息。

6.3 综合枢纽智能化系统的功能要求与设计要点

综合客运枢纽智能化系统是实现综合客运枢纽信息协同联动的基础，是综合客运枢纽信息平台最为常见表现形态。

综合客运枢纽智能化系统一般均应当具备运行监测、安全应急与疏散、综合信息服务、协同联动支持、载运工具停泊管理和综合运行信息管理等基本功能。

有关综合客运枢纽智能化系统的功能要求与详细的设施设备设计要求，可参照交通行业标准《综合客运枢纽智能化系统建设技术总体要求》（JT/T 980—2015）执行。同时，特大城市综合枢纽智能化系统的建设也可参考北京市地方标准《综合客运枢纽智能化系统技术要求》（DB11/T 886—2012）。

6.4 旅客交通导向标示设施的分类及特点

综合客运枢纽交通导向标识可按服务对象、设置区域、信息发布形式、功能以及运行使用工况等进行分类（表 3-6-2、表 3-6-3）。

综合客运枢纽交通导向标示设施分类　　表 3-6-2

分类	具体形式
按服务对象	①人行导向标识（一般位于建筑内部，直接为行人提供交通导向信息），主要有门式、悬挂式、落地式、吸墙式、地面式、辅助式等方式。 ②车辆导向标识（一般位于道路和停车库 / 场内，为机动车辆进出枢纽及停靠提供导向信息服务），主要有门架式、悬臂式、立柱式和附着式等四种
按设置区域	①专属区域属于各交通方式场站内部管辖，标识要服从交通子系统的系统化管理及行业标准。 ②公共区域是指各交通方式场站外部，供行人换乘的区域、具有公共属性，如车道边、枢纽内部不同交通工具之间的换乘通道、大厅等区域。公共区域内设置的标识主要为换乘指引、各类服务信息发布等提供服务，应能被枢纽内各交通方式场站所认同、接受，因此一般服从国家或国际标准，要求与专属区域有所不同
按信息发布形式	①静态标识可细分为流程导向标识（如出发、到达、航站楼、城市公交、长途汽车、轨道交通站等）和非流程导向标识（如餐厅、卫生间等）。 ②动态标识是指电子显示屏等动态信息可变的引导模式，包括动态航班显示信息、陆侧交通显示信息等
按运行使用工况	①一般使用状态（或正常使用状态）。在正常使用状态下，标识满足使用者在枢纽内的定位和路径引导需要。 ②紧急突发状态。应急状态下的引导标识主要应对于客流突发事件，如火灾事故；因航班或火车延误、换乘公交停运等引起步行空间人流剧增；因春运、长假等引起步行空间人流剧增；恐怖暴力等突发事件
按功能分类	①引导性标识 ②识别性标识 ③综合方位标识 ④辅助性标识

按照功能分类的导向标识内容、功能及示例一览表　　表 3-6-3

分类	内容及功能	示例
引导性标识	此类标识是将空间活动者引导至特定目标或方向的视觉标识，主要以线条、线标及箭头指示方式呈现，对环境中的目标进行序列性、连续性引导	出站口 Exit
识别性标识（定点标识）	该类标识表征事物本身，载明对象名称，让使用者能对特定目标进行辨识和认知。此类标识具有明显的点状性质，能够增强所表征对象的认知印象	售票处 Ticket Office
综合方位标识（区域指示标识）	该类标识多以大中型地图或平面、立体示意图等方式呈现枢纽内某个层面、区域或者整体的空间设施相对位置关系，以及枢纽外围重要交通空间信息	街区导向图 Street Guidance Map
辅助性标识	该类标识包括了说明、警告、管制、装饰以及无障碍设施的系列标识，起到完善空间环境、安全疏散引导、扶助特殊人群等作用	严禁携带易燃易爆等危险品进站 Dangerous articles forbidden

6.5 旅客交通导向标示系统版面要素的设计要求

综合客运枢纽交通导向标示系统通过各类图案、文字、色彩和符号等形象直观、人们易记忆和识别的标识反映枢纽总体布局、换乘流线，是旅客直接找寻换乘信息的重要视觉线索。导向标识一般通过形状、颜色、图形、文字、版面等要素来传递信息，如图 3-6-1 所示。以上要素之间相互配合，才能保证信息的有效传递，完成导向标识的功能。

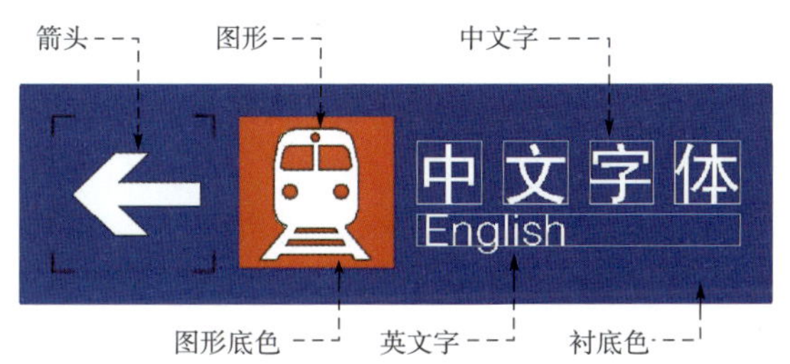

图 3-6-1　综合客运枢纽导向标识示意图

①形状

导向标识的视认性与显示程度是否良好与交通标识的形状有重要关系。效果好又容易识别的形状顺序是：三角形、菱形、正方形、正五边形、圆形等。根据国际标准《安全色和安全标志》以及中国标准《道路交通标志和标线》（GB 5768—2009），正三角形表示警告，圆形表示禁止和限制，正方形、长方形表示提示。

②颜色

根据发达国家的经验，不同交通方式或线路赋予不同的标识色，有利于旅客快速识别乘车换乘路线及所处空间位置。因此枢纽导向标识的颜色可采用国际公认的准则，如红色表示禁止，黄色表示警告，绿色表示安全，蓝色表示命令等。

③图形（含箭头）

标识图形（含箭头）是一种既有感性，又有理性内容和含义的符号，在一定的范围内能迅速准确地传达出特定的视觉信息，起到文字和色彩都不能替代的作用。因此，在导向标识设计时，应采用规范、统一的标识图形（含箭头）。

④文字

标识中使用的文字宜同时使用中文和英文，中文和英文一一对应，中文和英文应位于不同的行且中文应位于英文上方，英文中实意单词的首字母应大写，其他字母小写。无论是中文还是英文，文字都必须按照国际惯例和国内规范设计，考虑到观看中文的行人数量较多，同时英文较中文更易辨识，建议一般中文字体大小是英文字体的两倍。

⑤版面

版面由颜色、文字、图形、边框等要素组成。版面应美观得体、简洁明了，是交通导向标识获得良好可辨性和易读性的前提；同类标识宜采用同一类型的标识版面，风格统一；为了避免众多的标识尺寸影响标识的制作、施工、维护以及美观等，标识版面尺寸宜适当归类。

6.6 旅客交通导向标示的空间布置原则和要求

（1）布置原则

导向系统要遵循以人为本、以流为主、统一协调、规范高效的设计原则。从旅客心理和行为特点等出发，具体原则如下：

①导向标识布点与枢纽流程及功能流线相结合的原则

导向标识应按照旅客流线布设在各交通方式场站出站通行区域、换乘通道、换乘大厅、站前广场等枢纽公共区域。导向标识尽量简洁明了、突出主流程信息。为方便使用者选择交通工具和换乘路径，按照到达和出发流程，各交通方式场站要做到信息间相互融合、渗透。

②导向标识信息唯一性、一致性、连续性的原则

由于枢纽包含客运场站众多，涉及不同建设主体、设计单位，枢纽范围内针对同一对象的命名应该始终保持一致、唯一，信息发布应保持一致、连续。在换乘通道的出入口、分叉点、换乘大厅等处，导向标识必须从起点连续设置至终点，并在分叉点及终点处设置地点标志，形成连续的“引导——确认”系统。

③统一标准、统一分类及分级发布的原则

首先枢纽中最重要的信息是公共交通信息，需要突出显示；其次是与人出行相关的服务设施信息；然后是商业设施等其他信息。导向标识设计过程中，在旅客需要做出路径选择的进出口、通道交汇处等位置，垂直于旅客视线方向尽量设置悬挂式主流程引导信息，作为最重要的引导标识，悬挂式标识的牌底标高设为离地 2.4 米、高大空间离地 3 米。

④清晰直观、易于接受和识别的原则

由于使用者是在行进中接收信息，对标识的解读时间有限，所以要求标识的表现形式（文字形式、大小、字体等）和效果必须直观，尽可能简单、清晰，易被接受和理解。导向标识应适合任何人，任何不熟悉枢纽情况的陌生人都可以平等地使用。对于导向标识而言，箭头的指引必不可少，设置时应与引导方向一致明确，大小符合国家标准。对于地点描述，除使用文字外，按照国际惯例和国内规范，还必须同时采用国家规范规定的图例加以补充说明（表 3-6-4）。

中国各交通方式导向标识的国家和行业规范标准一览表　　表 3-6-4

通用标志系统规范		
编号	相关标准规范	标准编号
1	标志用公共信息图形符号（第 1 部分）	GB/T 10001.1—2006
2	公共信息导向系统要素的设计原则与要求（第 2、3 部分）	GB/T 20501.2/3—2006
3	公共信息导向系统设置原则与要求（第 1 部分）	GB/T 15566.1—2007
4	标志用图形符号表示规则（第 1 部分）	GB/T 16903.1—2008
铁路旅客车站标志系统规范		
5	标志用公共信息图形符号第 3 部分 : 客运与货运	GB/T 10001. 3—2004
6	标志用公共信息图形符号第 10 部分 : 铁路客运服务符号	GB/T 10001.10—2007
7	公共信息导向系统设置原则与要求第 3 部分 : 铁路旅客车站	GB/T 15566.3—2007
8	铁路旅客车站导向标志系统设计指南	原铁道部运输局，2010
公路客运站标志系统规范		
9	交通客运图形符号、标志及技术要求	JTT 471—2002
城市轨道交通标志系统规范		
10	城市轨道交通客运服务标志	GB/T 18574—2008
城市公交标志系统规范		
11	城市公共交通标志第 1 部分：总标志和分类标志	GB/T 5845.1—2008
12	城市公共交通标志第 2 部分：一般图形符号和安全标志	GB/T 5845.2—2008
13	城市公共交通标志第 3 部分：公共汽电车站牌和路牌	GB/T 5845.3—2008
14	城市公共交通标志第 4 部分：运营工具、站（码头）和线路图形符号	GB/T 5845.4—2008
城市道路、公路标志系统规范		
15	道路交通标志和标线	GB 5768—2009

⑤信息发布多样性的原则

实时广播在交通建筑内并不会干扰行人对视觉信息的接收，反而会对行人造成深刻影响。其优势在于通过广播可以向行人提供实时动态交通信息、换乘信息及其他相关信息服务（一般是在有紧急情况或需要重点提示情况下才在楼外进行广播），使旅客在交通建筑的任何位置都可以知道枢纽实时运营情况。听觉引导同时为视障人士提供了人性化的信息服务。

（2）布置要求

综合客运枢纽内目的地多，流线多，为避免空间内标识信息过多过乱，应在保证标识信息完整的同时有必要抓住重点，将信息控制在最少，因此导向标示的空间布置要对信息分层发布，要区别对待主流程信息和非主流程信息，防止广告对标识阅读产生影响。

①信息分级分层发布。主要指对信息在人流不需要分流之前模糊处理，在到达信息分叉点再出现下一层次的信息，比如，枢纽内从某一点指向火车站的信息链中，火车站的出发厅和到达厅处在不同位置，但在枢纽公共通道中方向相同，就没有必要在这里显示火车站出发厅和火车站到达厅的细节，仅仅指示火车站即可，应在流线的分叉点再显示下一步的细节信息。因此在设计方法上要通过流线分析，寻找信息分叉点，把握信息内容重点。

②交通主流程信息优先。综合客运枢纽内需要指示的信息量大，既包括和换乘功能直接相关的信息，如指示换乘方向、指示换乘点名称的信息；也包括一些辅助信息，如商业信息，指示卫生间等服务设施的信息，在标识设计时要区别对待主流程信息与非主流程信息，强调主流程信息，使主流程信息都安排在醒目、垂直于流线视线方向的通道主要位置，弱化非主流程信息，可安排在平行视线位置，或者设在通道的次要位置，或者以不同图文设计版面发布，避免他们对主流程信息造成干扰。

③交通导向标识优先。综合客运枢纽内商业开发和广告会对标识造成干扰，设计中要把导向标识的可识别性放在首位，保证重要的主流程标识垂直于流线视线方向，占据最居中的位置，广告、店面应处于流线一侧，或者平行于流线设置。在色彩、亮度等方面，也应尽量使主流程信息最醒目。由于广告的收入是枢纽收入的重要组成部分，对广告的限制不仅要在设计中得到重视，更要在投入使用后严加管理，才能实现标识系统始终清晰指示。

第 7 章
综合客运枢纽安全保障设施布置与安全应急管理指南

综合客运枢纽是人流密集的公共场所，一旦发生安全事件，将会给人民群众的生命、财产带来巨大的损失，因此应充分重视安全应急机制建立，努力构建统一的安全应急管理机构，制订安全应急预案，并合理配置安全保障设施。

7.1 安全应急管理机制的建立

为建立科学完善的综合客运枢纽应急管理体系，理顺枢纽应急管理机制，实现枢纽应急防范常态化、应急决策科学化、应急联动信息化、应急保障制度化，增强枢纽突发事件防范与处置能力，最大程度地预防和减少突发事件造成的损害，维护公众的生命财产安全，保障枢纽安全运行，枢纽应急管理机制设置工作中应遵循以下基本原则：

原则 1：以人为本，安全至上。把确保枢纽安全运行、保障公众健康和生命财产安全作为首要任务，最大程度地减少突发事件及其造成的人员伤亡和危害。

原则 2：保障运行，预防为主。高度重视枢纽应急管理工作，常抓不懈，防患于未然。增强忧患意识，坚持预防与应急相结合、常态与非常态相结合，做好枢纽应对突发事件的各项准备工作。

原则 3：各司其职，协同应对。建立“统一指挥、综合协调、分类管理、分级负责、条块结合、单元处置为主”的枢纽应急管理体制与运行机制；在枢纽应急领导小组的统筹协调下，实行枢纽各运营管理单位的应急管理责任制，充分发挥各单位专业应急管理机构的作用。

原则 4：信息共享，应急联动。建立健全枢纽应急管理信息系统，充分发挥枢纽各运营管理单位的作用，形成“统筹指挥、反应快速、协调有序、运转高效”的应急联动格局。

原则 5：依法规范，加强管理。依据有关法律和行政法规，加强应急管理，维护公众合法权益，使枢纽突发事件应对工作规范化、制度化、法制化。

例如，目前已建成的天津站、上海虹桥、深圳罗湖等部分综合客运枢纽，各运营单位对在综合客运枢纽内建立统一的安全应急管理机制的问题已经形成共识；至少应专门针对公共区域部分成立统一运营公司，尽量减少管理界面，确保枢纽内外安全责任无遗漏，在管理协调和应急指挥上做到有效组织保障。具体措施上，应建议成立统一的综合客运枢纽应急指挥中心，作为灾害事件发生前的安全管理和灾害发生后的指挥控制的核心和中枢，以实现对整个综合客运枢纽进行指挥、调度，便于在安全管理和应急管理中实现有效的应急联动。

7.2 安全应急管理机构的统一设置

综合客运枢纽中多种交通方式场站涉及多个独立产权、独立运营的单位。从公共安全的角度，枢纽需要建立统一的应急管理机构，尽量减少管理界面，确保枢纽内外安全责任无遗漏，在管理协调和应急指挥上做到有效组织保障。设置过程中，需要处理好各方式场站之间、各方式与公共换乘区域以及枢纽与 119、120 等救援力量的关系。

例如，天津站综合客运枢纽构建枢纽管理控制指挥中心，为应急状态下保障枢纽实现统一指挥提供技术支撑，以便实现有效的应急联动，指挥控制中心的具体功能如下图。同时，为保证指挥控制中心的有效运行，还成立了天津站交通管理委员会，作为应急状态下统一指挥和组织保障机构，在紧急状态下，天津站交通管理委员会可以依据枢纽控制指挥中心提供的灾害信息，进行决策，统筹协调和统一指挥其管辖的各相关机构，迅速有效调动社会资源做好应急处理工作。天津站交通管理委员会直接对政府负责，其组成架构如图 3-7-1、图 3-7-2。

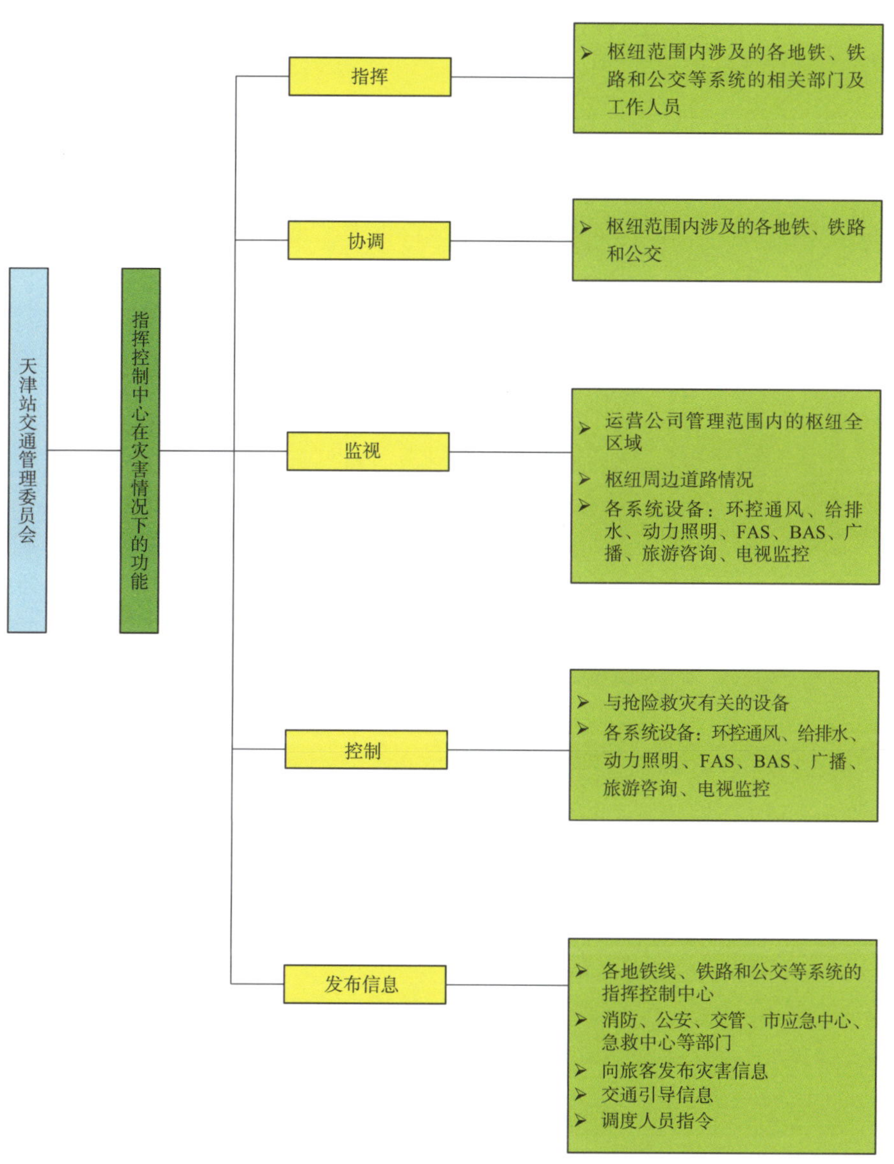

图 3-7-1　天津站综合客运枢纽指挥控制中心功能示意图

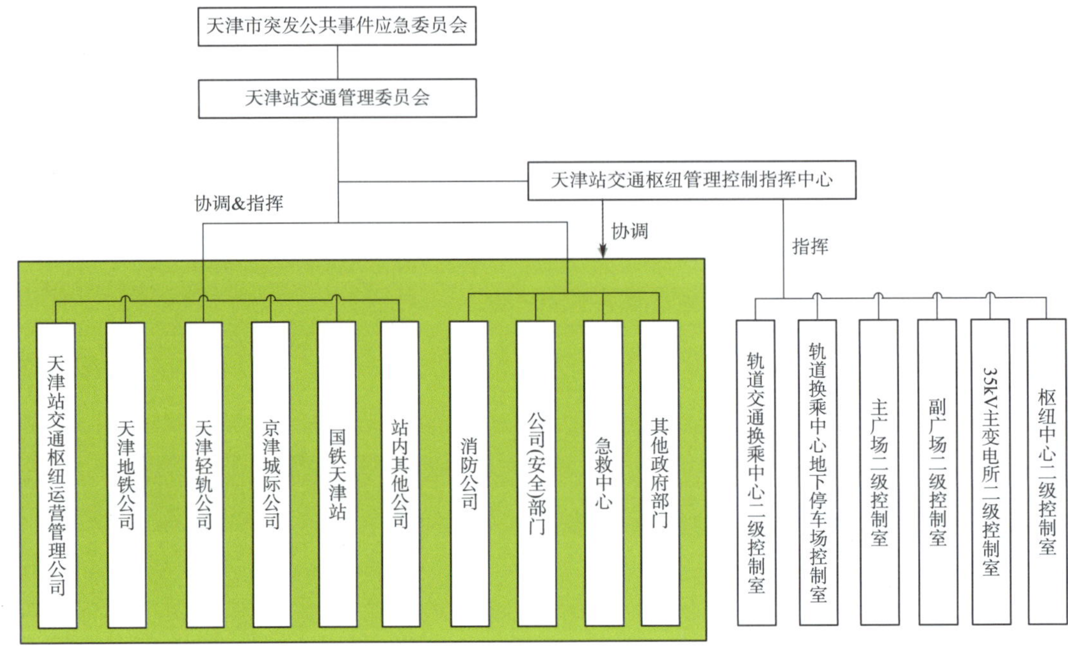

图 3-7-2　天津站综合客运枢纽交通委员会组成架构示意图

7.3 安全应急预案的制订

综合客运枢纽应急预案制订时，应贯彻《国家突发公共事件总体应急预案》，着眼于提高枢纽建筑本身及运营管理部门应对火灾和事故的能力。当灾害或突发事件发生时，根据事先制订的应急预案采取应急行动，控制或者消灭灾害或突发事件，减轻灾害危害，保障枢纽运营。平时各救援力量充分做好应急救援相关准备工作，适时演练。

（1）应急预案编制的基本要求

①组织结构及其职责。包括明确应急反应组织机构，参加单位和人员及其作用，明确应急反应总责任人以及每个具体行动负责人，明确本区域内能提供援助的相关机构，明确政府、周边机构或组织及企业在应急中的职责。

②灾害辨识与评价。确认灾害发生的类型、地点，预估灾害影响范围及伤害人员数量，按照确定的灾害严重程度，估计所需的应急发生等级。

③通告程序与报警系统。确定报警系统和程序，明确现场 24 小时的通告、报警和上报方式，列出 24 小时与政府主管部门的通信联络方式，建立应急反应人员向外救援的方式，制定向公众发布应急消息的标准、方式和信号等，明确应急管理指挥中心如

何保证有关人员理解并对应急报警反应。

④应急设备和设施。列出可用于应急救援的设施（如办公室、通信设备、应急物资等），列出相关应急救援参与部门（如武警、消防、卫生和防疫等部门可用的应急服务），列出可用的个人防护装备（如呼吸机、防护服等），明确与有关机构签订的互援协议。

⑤应急评价与资源能力。明确决定各项应急事件的危险程度负责人，描述评价危险程度的程序，描述危险程度所需的监测设备，确定外援的专业人员。

⑥保护措施程序。明确可授权发布疏散指令的负责人，描述决定采取保护性措施的程序，明确负责执行和核实疏散乘客的部门，描述对特殊设施和人群的安全保护措施，列出乘客救护中心和避难场所，描述决定终止保护措施的办法。

⑦信息发布与乘客教育。描述各应急小组在应急过程中对媒体和公众的发言人，描述向公众和媒体发布灾害应急信息的决定方法，确保公众了解如何面对应急灾害所采取的周期性宣传及安全意识等。

⑧事故后的恢复程序。明确决定终止应急、恢复正常程序的负责人，描述确保不会发生未授权而进入灾害现场的措施，描述宣布取消应急的程序，描述恢复正常秩序的程序，描述调查、记录、评估应急反应的方法。

⑨培训和演练。对应急人员进行培训，确保其合格上岗，描述每年培训、演练计划，描述定期检查应急预案的方法，描述通信实惠系统的监测评估和程序，描述对现场应急人员进行培训和更新安全宣传材料的要求。

⑩应急预案的维护和更新。明确每项计划更新、维护的负责人，描述每年更新和修订应急预案的方法，根据演练、检测结果完善应急预案的计划。

（2）应急预案的构成及主要内容

应急预案主要由准备程序、基本应急程序和特殊应急程序等方面构成，具体内容主要包括：

①对灾害或突发事件、事故的辨识与评价，确定响应的应急启动机制及应急管理等级。

②对人力、物质和工具等资源的管理、确认和准备。

③指导建立现场内外合理、科学、高效的应急组织实施体系。

④设计应急行动开展的程序及战术。

⑤制订训练及演习计划。

⑥针对特殊灾害制订的专项应急计划。

⑦制订灾后的现场评估、整理与恢复措施等。

专栏　上海虹桥综合交通枢纽应急总体及专项预案

上海虹桥综合交通枢纽包括民航、高铁、磁悬浮、公路、城市轨道、城市公交、出租等多种交通方式，因此考虑枢纽应急需求，建立了两个层次应急预案。

（1）枢纽灾害应急总预案

总体预案主要针对整个枢纽的运营管理制订相应的组织机构，明确预案工作机构，建立应急保障和建立管理，内容包括：

①总则，包括编制目的、编制依据、分类分级、适用范围、工作原则、预案体系等。

②组织体系及职责，包括领导机构、办事机构、工作机构、专家机构等。

③预案工作机制，包括预测与预警方法、应急处置措施、恢复与重建方案、信息发布体系等。

④应急保障，包括队伍保障、经费保障、物资保障、基本生活保障、医疗卫生保障、交通运输保障、治安维护、人员防护、通信保障、科技支撑等。

⑤监督管理，包括宣传教育和培训、日常演练（每年一次演练）、责任与奖惩、预案管理等。

⑥附录，包括附则、附图及有效期说明等。

（2）枢纽灾害应急专项预案

各灾害专项处置预案主要针对不同灾害类型，制订特定灾害场景专项应急处置预案，内容包括：

①虹桥综合交通枢纽火灾处置预案。火灾是最易发生的灾害事故之一，制订的火灾应急处置预案应针对火灾事故的特征，重点突出在应急行动中的灭火要点、应特别注意和回避的事项等。应急程序应详细说明应急组织和应急队员的灭火能力、任务和职责，说明应急指挥者、安全人员及其他的人员和乘客如何协助执行应急程序。

②虹桥综合交通枢纽恐怖袭击处置预案。

③虹桥综合交通枢纽水灾处置预案。水灾的应急预防措施包括对洪水预警识别的判读，实现在水灾到来之前采取必要性的预防措施，列出水灾应急中需采取的特别行动等。

④虹桥综合交通枢纽风灾处置预案。制订的风灾应急程序应与当地的应急救援部门和气象部门中心紧密联系，结合现场监测情况，根据政府发布的气象服务信息和指导，应急管理根据相应的预警信息部署应对行动。

⑤虹桥综合交通枢纽地震处置预案。

7.4 安全保障设施设备配备要求

（1）疏散通道

疏散通道应以《铁路旅客车站建筑设计规范》、《地铁设计规范》和《高层建筑消防设计规范》规范为依据，根据枢纽公共安全特点，从枢纽紧急疏散能力方面对逃生通道进行设计。

逃生通道根据其布局及功能不同，可分为横向通道、竖向通道和出入口，其中竖向通道两端必须有横向通道或出入口相接，横向通道两向需要配备出入口，与外界连通。

横向通道在配置时应合理设计通道长度、宽度、弯曲度及上下坡度等，尽量不设置门槛或上下台阶，并应保证通道两向疏散，避免设计死区。

竖向通道作为枢纽的主要垂直交通空间疏散手段，在设计时应保证竖向通道的上下连贯，减小间断部分，配备消防安全设施，使其具备防灾能力。

疏散通道出入口的布置优先考虑的是短时间内枢纽旅客的安全疏散和救援实施的有效性，出入口的总宽度不能超过临界出口宽度，避免出口宽度的增加而人员疏散速度却没有增加造成设施浪费，同时保证出入口设计与枢纽整体疏散宽度的协调一致性。

（2）地下空间设施

枢纽地下空间安全设施重点是合理划分防火分区。防火分区的设置是通过符合消防规范的防火门、防火卷帘等设施进行隔断划分的，这些设施在燃烧环境下能保证较长一定时间内不变形破坏，将火灾隔绝在特定区域，是限制火灾蔓延的有效手段。其他建筑与综合客运枢纽合建时，应划分各自独立的防火分区。

根据《建筑设计防火规范》（GB 50016—2014），一般防火分区需设置两个分别在两个不同疏散方向的疏散口，这有利于人员的分段疏散，避免大量人员集中在一个或多个疏散口造成拥堵的现象。在大空间的建筑中，若设置以上的防火分区隔断必将影响建筑的使用功能，若不设置这些设施，则对灾害时人员的疏散不利，为了解决这个矛盾，必须使用性能化防火设计的措施。

（3）安全保障设备

①安检设备

安检设备配备要与综合客运枢纽的类型、等级相适应。运营期间，安检设备的开启程度与应急状态相关。安检设备的配备数量应根据客流规模通过计算确定。应急状态下，安检设备的配备和应急因素相关。

安检设备主要包括：人检类安检设备（如人脸识别系统、手持金属物探测器、安检门、X 射线机、鞋底检查仪等），物检类安检设备（自动视频车底检查仪、便携式视频车底检查镜、便携式车底检查镜、红外伸缩观察镜、光学天棚检查镜、柔性纤维内窥镜等）、探测类安检设备（炸药探测器、液体检查仪、非线性节点探测器），防排爆类安检设备（排爆罐、防爆毯和阻车器）。

专栏　综合客运枢纽安检设备的配置

综合客运枢纽包括多种运输方式场站，旅客经过铁路站、机场、公路站、城市轨道站等均需要进行安检，尤其是旅客在两种不同方式场站之间换乘时，反复安检、等待时间长。

从安检过程和设备配置看，机场安检最为严格，铁路站、公路站、城市轨道站安检水平基本差不多。为保障公共安全，又避免重复安检造成的人力、物力资源浪费，本研究对目前综合客运枢纽安检设备配置提出初步优化思路。

①旅客在同一种方式场站内换乘时，如国内航班与国际航班换乘、国内航班之间换乘时，可设置托运行李专用区域，直接将行李送达最终目的地，减少中间行李安检的过程；又如高速铁路与普速铁路换乘、普速铁路换乘普速铁路时，旅客可不用出站，通过站台附近设置公共换乘区域或专用通道，等需要的换乘列车到达前，旅客直接进入相应站台即可。

②旅客在两种不同方式场站之间换乘时，安检水平高的场站换乘安检水平较低的场站之间，可以减少安检过程。如从机场下来的旅客换乘城市轨道，可凭借登机牌和身份信息，即可直接通过城市轨道的安检。

②消防设备（器材）配备

消防设备（器材）应根据综合客运枢纽的重要程度、过火特性等因素综合进行配备，需要设置防火电梯、防火门、防火卷帘、消防给水、（自动）灭火系统、火灾自动报警系统和消防控制室。按照综合客运枢纽的等级选择与之相应的供电等级，并按照消防要求配备应急照明、灯光疏散标识等。在运营期间，应配备齐全的灭火器材。

综合客运枢纽应在控制中心设置火灾自动报警系统，符合《火灾自动报警系统设计规范》（GB 50116—2013）的相关要求，而且各种交通运输方式功能区应分设分消防控制室。

③其他应急设备、器材或物资

综合客运枢纽内应储备一定的食品、饮水、日常医药、车辆、防护器材及常用维修工具等救援设备、器材或物资。在综合客运枢纽设计期间，储备的应急设备、器材或物资应设计存储空间，并为枢纽运营期内储备的食品、药品提供较好存放条件。

④其他特种设备

特种设备除满足国家强制性标准和行业标准外，设计中应特别重视设备的使用环境（条件）与设备适用的环境（条件）相一致，设备与设备之间的技术标准也需要协调一致，确保运营中不发生安全事故。作为特种设备，应根据国家《特种设备安全监管条例》对其安装、使用等提出明确要求，为日后的安全运营提供保障。

第8章 综合客运枢纽的设计管理改善措施

8.1 建立综合客运枢纽设计管理的协调机制

综合客运枢纽包括多种运输方式，涉及多个管理主体，其设计通常也需要多个设计单位合作完成。由于各方式管理主体、投资主体的发展目标和所代表的利益不同，综合客运枢纽建设方案多半是各方协商博弈形成的，缺少规划、设计、建设、管理的通盘思考，难以做到各方式站场的对等协商，实现统一设计。例如，当前中国正在大力推进的铁路主导型综合客运枢纽建设，其前期设计状况多是在铁路站方案基本稳定甚至开工建设后，才通过公路、公交等场站主动对接、拼凑集合，造成综合客运枢纽在同一设计管理上的困难，难以保证衔接设计效果和建设时序的统一。

根据对国内综合客运枢纽管理体制和设计现状的调查研究，中国在过去的实践中尚未全面建立起规范的综合客运枢纽设计管理工作机制，在当前从管理体制上难以统一投资建设主体的背景下，必须通过建立有效的管理机制来进行保障，才能有效实现综合客运枢纽的一体化功能。建议综合客运枢纽的设计管理工作需要建立协调机制，可采取委托一家总体设计单位，依托总体设计协调不同投资主体利益诉求、统筹不同设计单位工作内容，明确各个参与设计单位的工作界面与设计接口，完善设计效果及建设时序的衔接，实现综合客运枢纽设计管理的整体优化。

8.2 总体设计管理的主要内容

总体设计单位主要工作内容：对各子项目与枢纽系统功能的联系以及各子项目之间的联系进行总体策划和设计协调管理，便于项目设计各阶段的控制和落实，使得枢纽各个子项工程之间能够合理衔接，最终确保枢纽系统功能得到实现。

（1）提前介入城市控制性详细规划和枢纽布局

总体设计单位应提前介入项目片区城市控制性详规和规划方案讨论，便于统筹各专业设施规划编制，以保证规划设计方案的可实施性，在控制性详细规划阶段掌控各子项间的主要问题，从总体上系统地对枢纽布局进行优化，寻找各方均可接受的方案，最大限度减少相互之间的负面影响。

（2）总体技术方案以及重大节点技术方案的确定

总体设计单位应对组成枢纽的各个交通系统之间的人流、车流总流程有全面系统了解，方便统一组织设计，并对信息系统、导向标识系统等进行系统性整合和协调。对于涉及多个项目的重大技术节点，总体设计单位可从枢纽系统总体功能、总体流程出发，统筹考虑各方意见后提出方案，由多家设计单位协同优化，最终形成各方均可接受的方案。

（3）项目前期策划以及技术方案的统一协调、系统审查

总体设计单位应该对综合客运枢纽项目立项涉及的投资、土地、环评、交通、建设以及运营管理等多个方面、多个部门有系统了解，明晰工作要求。方便总体设计单位根据需要对枢纽内各功能设施进行前期统一策划和拆分；同时，负责对各单体项目设计成果进行总体技术审查，并与相关行业主管部门沟通、确保总体功能完善。通过项目前期策划、技术方案统一协调和系统审查环节，使各个项目在满足总体功能的前提下，在技术上真正做到无缝衔接，避免出现缺失和重叠。此外，总体设计单位的管理工作中也可配合工程建设指挥部，对项目建设进度协调方案、项目建设界面分解、运营管理界面拆分等问题提出技术操作意见。

（4）明确总体项目负责人的职责要求

枢纽设计涉及建筑、交通、机电、暖通、结构、商业策划等多学科、多专业，而且规划审批部门和运营管理单位均会对枢纽提出包含大量细节内容的设计要求，因此总体设计单位在选择项目负责人方面，应格外严谨。总体项目负责人应具备城市交通和城市规划的综合性知识，并且对业主需求、当地的文化历史背景、地方规范和标准比较熟悉，能够综合规划局、建筑师、交通咨询顾问、运营管理部门等各方面的意见。

参考文献

[1] 江苏省交通厅规划研究中心、江苏百盛工程咨询有限公司.江苏省铁路综合客运枢纽建设与管理模式研究[R].2009.

[2] 交通运输部规划研究院.河南省综合客运枢纽布局规划[R].2013.

[3] 交通运输部规划研究院.深莞惠交通一体化规划研究[R].2012.

[4] 交通运输部规划研究院.重庆市综合运输枢纽布局规划研究[R].2013.

[5]《武汉综合交通枢纽总体规划研究》课题组.武汉综合交通枢纽总体规划研究[R].2010.

[6] 交通运输部规划研究院.大连市综合交通枢纽总体规划[R].2012.

[7] 江苏省交通科学研究院.苏州市综合交通运输体系客运枢纽规划[R].

[8] 张胜，黄岩.上海虹桥综合交通枢纽总体设计[J].上海建设科技，2007, (5): 1-6.

[9] 张胜，冯宝.大型综合交通枢纽规划设计[J].交通与运输(学术版)，2014, (2): 10-14.

[10] 郭炜,郭建祥.上海虹桥综合交通枢纽总体规划设计[J].上海建设科技,2009, (3): 1-6.

[11] 顾承东,刘江,刘武君.城市轨道交通站前广场规划设计[M].上海:上海科学技术出版社，2005.

[12] 贾洪飞.综合交通客运枢纽仿真建模关键理论结构与功能评价关键理论与方法[M].北京:科学出版社，2011.

[13] 刘宇成.基于熵权物元模型的客运站城市交通可达性评价研究[J].西部交通科技，2015, (12): 58-63.

[14] 肖云琳，周薇，王绍良.深圳市轨道交通车站慢行接驳交通规划[J].城市轨道交通研究，2015, (8): 17-21.

[15] 刘冰.客运枢纽的多模式交通一体化组织与设计[J].城市建筑，2015, (13):37-39.

[16] 孙志伟.综合客运枢纽功能实现的综合评价研究[D].西安：长安大学，2010.

[17] 郝凯冰.综合客运枢纽功能区布置研究[D].西安：长安大学，2013.

[18] 王晶 . 基于绿色换乘的高铁枢纽交通接驳规划理论研究 [D] . 天津 : 天津大学, 2011.

[19] 韩豫, 成虎, 赵宪博 , 等 . 综合交通枢纽运营安全集成管理机制的构建 [J] . 中国安全科学学报, 2011, (5):159-165.

[20] 陆化普 . 轨道创造的世界都市 : 东京 [M] . 北京 : 中国建筑工业出版社, 2016.

[21] 陆化普 . 绿色智能人文一体化交通 [M] . 北京 : 中国建筑工业出版社, 2014.

[22] 陆化普 . 城市交通规划与管理 [M] . 北京 : 中国城市出版社, 2012.

[23] 交通运输部规划研究院 . 综合客运枢纽项目可行性指南 [M] . 北京 : 人民交通出版社, 2012.

[24] 交通运输部规划研究院 . 综合客运枢纽设计指南 [M] . 北京 : 人民交通出版社, 2013.

[25] 交通运输部规划研究院 . "十三五" 期综合客运枢纽政策研究 [R] . 2015.

[26] 交通运输部规划研究院, 澳大利亚 GHD 建筑设计有限公司 . 长沙汽车南站综合交通枢纽方案设计 [R] . 2011.

[27] 交通运输部规划研究院 . 深 (圳)(东) 莞惠 (州) 区域综合客运枢纽规划研究 [R] . 2012.

[28] 交通运输部规划研究院, 同济大学建筑设计研究院 . 中川国际机场综合交通枢纽工程可行性研究 [R] . 2014.

[29] 宣登殿 . 综合客运枢纽系统规划方法研究 [D] . 西安 : 长安大学, 2011.

[30] 漆凯, 张星臣 . 我国综合客运枢纽等级分级方法的研究 [J] . 交通运输系统工程与信息, 2011, 11(5): 17-21.

[31] 贾洪飞, 宗芳, 乔路 . 综合客运枢纽换乘量预测方法 [J] . 系统工程, 2009(1): 15-20.

[32] 过秀成, 马超, 杨洁, 等 . 高速铁路综合客运枢纽交通衔接设施配置指标研究 [J] . 现代城市研究, 2010, 25(7): 20-24.

[33] 鞠阳, 王晓君 . 高铁枢纽建设对城市空间发展的影响机制研究 [C] . 多元与包容— 2012 中国城市规划年会论文集, 2012.

[34] South Yorkshire Passenger Transport Executive. PIRATE [R] . Brussels: THE EUROPEAN COMMISSION, 1999.

[35] A, vonKnobfoch. 汉堡的综合交通换乘设施 [J] . 城市轨道交通研究 , 1999(1): 36-39.

［36］Ian S. J. Dickins. Park and Ride Facilities on Light Rail Transit Systems［J］. Transportation, 1991: 23-36.

［37］J.De Cea, E. Femandez. Transit assignment for congested Public transport systems: an equilibrium model［J］. Transportation Science. 1993, (27): 133-147.

［38］Bates E. q. A study of Passenger Transfer Facilities［C］. TRR, 1977.

［39］XiaJin. Transit accessibility, connectivity, and mode captivity: factors in mode choice models［D］. Milwaukee: The University of Wisconsin, 2004.

［40］Davis D G, B John. Level of service standards for platooning Pedestrians in transportation terminals［J］. ITE, 1987, 57(4): 31-35.

［41］Kitti. Cost-Based Space Estimation in Passenger Terminals［J］. Journal of Transportation Engineering, 2002, 128(2): 191-197.

［42］Hall, R. W. Vehicle scheduling at a transportation terminal with random delay-en route［J］. Transportation Science, 1985, 9(3): 308-320.

［43］Peter. Optimized Transfer Opportunities in Public transport［J］. Transportation Science, 1995, 29(1): 101-105.

［44］Lee, K. K. T. Optimal slack time for timed transfers at a transit terminal［J］. Journal advanced Transportation, 1991, 25(3): 281-308.

［45］J. K. Jolllffe, T. P. Hutehison. A Behavioral Explanation of the Association Between Bus and Passenger Arrivals at a Bus Stop［J］. Transportation Science, 1975, 9: 248-282.

［46］MeyerR. John. Kain F. Jobn. The Urban Transportation Problem［J］. Cambridge(mass) Harvaed University Press, 1965.

［47］刘小丹 . 综合客运枢纽内部换乘组织研究［D］. 成都 : 西南交通大学 , 2008.

［48］上海虹桥综合交通枢纽工程建设指挥部 . 虹桥综合交通枢纽工程建设和管理创新研究与实践［M］. 上海 : 上海科学出版社，2011.

［49］唐热情，李鹏林，郝满炉，等 . 长三角地区综合客运枢纽发展的经验与启示［J］. 重庆交通大学学报 , 2012, 6(12): 15-18.

［50］吴念祖 . 虹桥综合交通枢纽开发策划研究［M］. 上海 : 上海科学技术出版社 , 2009.

［51］於昊，何小洲，杨涛 . 苏南城市群综合客运枢纽整体发展战略与规划研究［J］. 江苏城市规划, 2010, (07): 11-15.

［52］杜恒 . 铁路客运枢纽地区路网结构比较研究［J］. 城市交通，2010, (04): 23-32.